我
- COGITO -
思

Kathryn Harkup

（英）凯瑟琳·哈卡普 著

辛苒 译

# 制造弗兰肯斯坦

## 玛丽·雪莱背后的科学

GUANGXI NORMAL UNIVERSITY PRESS
广西师范大学出版社
·桂林·

制造弗兰肯斯坦：玛丽·雪莱背后的科学
ZHIZAO FULANKENSITAN : MALI XUELAI BEIHOU DE KEXUE

策　　划：叶　子@我思工作室
责任编辑：叶　子
装帧设计：何　萌
内文制作：王璐怡

著作权合同登记号桂图登字：20-2022-031 号


**图书在版编目（CIP）数据**

制造弗兰肯斯坦：玛丽·雪莱背后的科学 /（英）凯瑟琳·哈卡普著；
辛苒译. -- 桂林：广西师范大学出版社，2022.8
（我思万象）
书名原文：MAKING THE MONSTER: THE SCIENCE
BEHIND MARY SHELLEY'S FRANKENSTEIN
ISBN 978-7-5598- 4899-4

Ⅰ.①制… Ⅱ.①凯… ②辛… Ⅲ.①科学知识－普
及读物 Ⅳ.①N49

中国版本图书馆 CIP 数据核字（2022）第 057316 号


广西师范大学出版社出版发行
（广西桂林市五里店路 9 号　邮政编码：541004 ）
网址：http://www.bbtpress.com
出版人：黄轩庄
全国新华书店经销
肥城新华印刷有限公司印刷
开本：670 mm × 960 mm　1/16
印张：17　　　　　　字数：145 千
2022 年 8 月第 1 版　　2022 年 8 月第 1 次印刷
定价：52.00 元

如发现印装质量问题，影响阅读，请与出版社发行部门联系调换。

# 前　言

1818年11月4日，一位科学家站在一具健壮的男尸前。在他身后，电力设备已经就绪，轰隆作响。科学家正准备开展一项重大的科学实验。

最后的准备工作是为尸体做的——制造一些划口和切口，以暴露关键的神经。伤口没有流血。那一刻，年轻科学家面前桌上的东西只是血和肉，没有任何生命迹象。然后，尸体被小心地连接到电力设备上。

突然，每块肌肉都剧烈地抽搐起来，仿佛身体因寒冷而剧烈地颤抖。些许调整后，机器再次连接。现在，饱满而费力的呼吸开始让腹部膨胀，胸口起伏。随着最后一次通电，右手的手指开始抽动，像拉小提琴一样。接着，一根手指伸起，仿佛有所指向。

有些人可能熟悉这一场景，也许你在屏幕上见过，鲍里斯·卡洛夫[1]扮演的著名怪物抽搐着、跌跌撞撞地走进了人类生活。也许你曾在年轻的玛丽·沃斯通克拉夫特·雪莱（Mary Wollstonecraft Shelley）写的小说中读到过类似的场景。然而，上面的描述并非全然虚构，它真实发生过。曾有两名实验人员，阿尔蒂尼（Aldini）和尤瑞（Ure），

---

[1] 鲍里斯·卡洛夫（Boris Karloff, 1887—1969），英国演员，代表作《科学怪人》（1931）、《弗兰肯斯坦的新娘》（1935）等。编注。

通过电力装置让死人动了起来。

　　玛丽·雪莱的小说处女作《弗兰肯斯坦》不仅仅创造了一个怪物，它还开启了一种新的文学体裁——科幻小说。不过，玛丽·雪莱的科幻小说很大程度上得益于科学事实。她的小说创作于一个非同寻常的科学和社会革命时代，捕捉到了人们面对新发现和科学力量的兴奋与恐惧。

# 目　录

第一部分

孕育

# 第一章　启蒙

这些哲学家，他们的双手似乎只是沾上泥土，眼

睛……在显微镜或坩埚上窥视，可确实创造了奇迹。

——玛丽·雪莱《弗兰肯斯坦》[1]

玛丽·沃斯通克拉夫特·雪莱（娘家姓戈德温）生于 1797 年
8 月 30 日，逝于 1851 年 2 月 1 日。她 54 年的人生中充满了丑闻、
争议与心碎。人们说她"具象化了英国浪漫主义运动"。她先于自
己的儿子珀西·弗罗伦斯·雪莱逝世，后者以他的父亲，诗人珀西·比
希·雪莱的名字命名。玛丽·雪莱生活在一个政治、社会和科学革
命狂飙突进的时代，她基于这一切写下了杰作《弗兰肯斯坦》。

一个青年女性是如何写出一部令两个世纪以来的人都着迷、激
动乃至恐惧的小说的？答案由各种各样的碎片缝在一起，正如她创
作的臭名昭著的怪物那样。玛丽从自己的生活中收集了各种奇奇怪
怪的东西，并把它们编织在一起，使作品整体比它的部分之和要庞

---

1　《弗兰肯斯坦》的中译文参考的是 2016 年译林出版社的《弗兰肯斯坦》，孙
法理译；部分译文结合本书原文有所调整。译者注。

杂得多。她旅行中的风景、遇到的人和读过的书，共同决定了这部作品最后的样子。

一如怪物主宰了他的创造者维克多·弗兰肯斯坦的生活，这部最早发表于1818年的小说，也在玛丽的文学遗产中占据重要位置。《弗兰肯斯坦》为玛丽带来了声名——如果不是财富的话——并很早就被公认为英国文学的经典。1831年，它被纳入优秀英语小说丛书再版，玛丽有了修改自己作品的机会。这后一个版本传播得更为广泛，而本书将同时考察前后两个版本。

《弗兰肯斯坦》通常被称为"第一部科幻小说"，但其中可以找到许多科学事实。本书将探讨小说所受的诸多影响和思想来源，特别是故事背后的科学。玛丽笔下的人物是虚构的，尽管很大程度上是以真人为基础的，而她研究的科学人物又极其真实，甚至令虚构的维克多·弗兰肯斯坦着迷的炼金术士也确有其人。直到维克多发现耸人听闻的生命奥秘，玛丽的科学事实才转入科学幻想。

为了理解玛丽如何拼缀起她的创作，我们值得花一点时间去看看她成长于其中的政治、社会和科学环境，以及那些被写入小说的人物和经历。在该书出版前的一个世纪里，《弗兰肯斯坦》所探索的科学、生活、责任等思想和概念，正处于哲学和公共辩论的前沿。在我们细致探究小说的科学要素和维克多·弗兰肯斯坦这个人物之前，我们将先探讨其他要素对玛丽童年的影响。

18世纪被称为"启蒙时代"。当时，著名的思想家开始审视和质疑政治理论、宗教权威，思考如何将激进的信条应用于社会改良。推动社会进步的一种方法是教育，增加每个人的知识，或者说是"启蒙"，而这不仅仅局限在少数特权阶层。1784年，当时著名的德国哲学家伊曼纽尔·康德将启蒙运动定义为，"将人类从自我强加的不成熟、不愿为自己自由思考的状态中解放出来"。

玛丽出生前的一个世纪是政治动荡的时期，这构成了她早年生活环境的主要特征。18世纪，欧洲许多国家从中世纪的政府制度向现代国家转型。转型不简单也不容易。边境经常变动，较小的庄园被归入较大的民族国家，人们为争夺和控制土地而打仗。比如在玛丽人生的前17年里，英国几乎一直在与法国交战。

统治者试图巩固权力。有些将成为控制广袤土地和民众的独裁者，也有许多统治者受到启蒙价值观的影响，寻求改善人民命运的途径。在现代人看来奇怪的是，后者受到当时哲学家们的欢迎[1]，被称为"开明的专制君主"。

18、19世纪之交，在路易十四的统治下，法国成为欧洲的艺术、文化和政治领袖。其他统治者不仅复制了法国政府的制度，还复制了太阳王宏伟宫廷建筑的浮夸风格。法语将成为下个世纪外交和科学的通用语言。

路易十四的曾孙路易十五继承了王位。很明显，一个统治者的统治法条只适用于其本人，路易十五没能成为一个好国王。在他治下，法国在政治上停滞不前，但产生了丰富的思想。

1751年至1772年法国出版的《百科全书》（*Encyclopédie*），由许多法国哲学家共同编撰，他们同时贡献了自己的思考。这不仅是哲学家的集体工作，也有来自科学和工程等各个领域的专家的贡献。这部28卷的著作，包括了7万多篇文章、3千多幅插图，旨在"改变人们的思维方式"。它是一部伟大的知识汇编，也促成了启蒙思

---

1　18世纪启蒙运动的知识分子并不都是哲学家。这群公共知识分子推动了一个"书信共和国"，跨越国界，传播关于历史、政治、经济和社会问题等各种主题的信息和思想。

想在法国乃至欧洲的广泛传播。

政治和社会的动荡并不只发生在欧洲。在美国，土著居民与法国、英国殖民者之间爆发了战争。从英国的角度看，这是一场成功的战役，与土著人民就土地分割问题达成了协议，但法国人在军事和财政上都遭受重创。战争令英国的国债翻了一番，为弥补损失，英国对殖民地开始征收新税。美国人越来越敌视这些不公平的税收，开始挑战远方外国政府的权威。1773年波士顿倾茶事件等加剧了局势的紧张，1775年美国独立战争爆发。之后，这个新兴国家在1783年与大英帝国完全分离。

对美国的关注，也使人们注意到被从非洲运到美国和其他英国殖民地工作的奴隶的境遇。人们知道雪莱夫妇反对贩卖奴隶，《弗兰肯斯坦》则被解释为通过研究一个与周围人显著不同的种族的境遇而展开的对奴隶制的批判。

美国爆发的战争也对法国产生了影响。战败和财政成本削弱了君主制和政府力量。由于启蒙思想的传播和剧烈的社会动荡，人们越来越多地关注社会如何对待同胞。在法国，虽然同样的想法已经形成，但贵族实际上阻碍了社会改革，并借此机会巩固了他们自己的特权地位。农作物歉收，贫富差距拉大，以及许多其他因素，最终导致了暴力和血腥的革命。1789年，法国大革命开始，随后引发拿破仑战争，而这场战争影响了整个欧洲。

法国大革命改变了法国，使其走向一个更加民主和世俗的政体。某一集团对民众的权威，以及民众对这种处境不加质疑的接受，不再被视为理所应当。《法国民法典》确立了一套原则，它至今仍是法国民法的基础，对法律制度的影响远远超出法国边界，波及意大利、德国、比利时和荷兰。《人权宣言》给予不同信仰的人、黑人、同性恋者和妇女更大的自由和保护。尽管它从未被彻底实施过，但影响了全球的自由民主进程。

。 。

18世纪带来了地理和政治的变化，也改变了文化界和知识分子对科学的态度。中世纪那种通过天启解释一切的世界观，让位给日趋世俗的观念，即通过社会公认的法则理解世界。科学方法的三个主要变化，使科学取得了巨大的进步。

变化之一，是实验和经验被认为是产生知识的有效方法。通过精心设计的辩论推进知识的古希腊传统的局限性变得十分明显。

变化之二，是艾萨克·牛顿和其他人已经证明，运动等过程可以用纯粹的数学术语来解释。不需要上帝的直接和持续的干预，行星就可以穿过天空；宇宙可以被看作一种奇妙的机械操作。但上帝并没有被完全排除在宇宙之外，他经常被称为"原动力"，即万物的创造者。

变化之三，是启蒙运动时代是一个仪表时代。这一时代设计、建造和使用着日益复杂和精确的设备、小工具和小发明。在牛顿的机械宇宙中，上帝要么是数学家，要么是机械制造者。

18世纪，虽然欧洲内部的边界是一场流动的盛筵，但人们对外面的世界有着更大的兴趣。当热气球飘荡在伦敦和巴黎上空时，人类不再被束缚于地球表面。18世纪，随着新大陆的发现，人们已知的世界同时扩大；而随着旅行和贸易的变多，异国商品和奇妙的故事从遥远的地方被带回欧洲，世界又在缩小。

统治者意识到，贸易是将急需的资金带入自己国家的最佳方式。荷兰是18世纪欧洲最商业化、最富有的国家之一。荷兰成立了东印度公司，专门与东方进行贸易，也在南非和美洲开展其他业务。香料、丝绸和奴隶统统被装进横跨全球的船只。其他国家试图效仿荷兰东印度公司的成功，但它们的努力相形见绌。

探索遥远的土地是《弗兰肯斯坦》的一个突出主题。这部小说以沃尔顿的北极科学考察为框架。北极是一个完全未知的地方，也是令 18 世纪自然哲学家着迷的源泉。没有人知道世界的极点是陆地、冰原还是公海。提议在北极考察是因为人们希望借此增加科学知识，比如发现罗盘针受吸引的原因，以及从较短的亚洲贸易路线中攫取经济利益。

随着探险者逐步深入新大陆，地图上的未知部分也在逐渐减少，制图师不再用幻想的生物填充地图上的空白。人类在全球的主导地位也许可以通过 1797—1798 年进行的一系列科学实验来证明。全球知名的科学天才亨利·卡文迪许在他位于克拉芬公地（Clapham Common）花园的一个棚子里，给世界称重。

越来越复杂的仪器被发明出来，对探险家和自然哲学家颇有助益。望远镜、显微镜等各式各样的装置被设计和开发出来。天文学家将目光投向了地球之外，随着一个新的行星，也是太阳系的一颗新星——天王星被发现，空间的边界被进一步拉远到前所未至的地方。人们对遥远的恒星和星云做了观测和分类。曾经是天堂的地方，如今被人们绘制并通过数学来定义。

18 世纪初，科学或自然哲学仍然是不明确的，包罗万象，追随者众多。随着时代的发展，一个发现引出下一个发现，神奇的实验和惊人的科学成就数量激增。科学研究逐渐从有钱有闲的富人为满足兴趣而开展的随意过程，转变为一种专业活动。科学的目标也发生了变化。它不再被视为纯粹的智力活动。这些知识的应用越来越实际。科学的目标不仅是为了扩展人类的知识，更是为了将这些新获得的知识应用于现实生活。工程学则因以工业、医疗和社会改良为直接目标脱颖而出。

科学成为当时流行的哲学、成为每个富人沙龙和社会聚会的话题。科学社不仅在欧洲各国首都,也在各省建立起来,并开展科学讨论和实验。伦敦的咖啡馆里充斥着关于世界各地最近发现的议论。科学调查中引入了新的严谨的知识,重要的是,通过讲座和印刷品,广大民众也能获知新的发现。科学思想得以发表,不仅有为了学术而发表的论文,更有为广大读者购买、借阅和分享而出版的图书。

1801 年在伦敦,英国皇家研究院(Royal Institution)敞开大门,允许公众参加有关最新科学发现的讲座。观众和读者不仅学习科学,也被鼓励亲自做科学实验。英语世界的哲学启蒙运动鼓励每个人参与更深一步的研究。低价出售的小册子和书籍,为人们如何以相对较低的成本进行实验提供了明确而实用的建议。伦敦商店里售卖着科学设备、显微镜、化学和电力装置。

彼时,不同科学学科之间的界限非常模糊。地质学、人类学、工程学、医学和天文学都是人们感兴趣的领域,而个别学科和专业已经开始自我区分。19 世纪初,化学成为当时最突出的科学。

长期以来,化学一直与炼金术士和江湖骗子联系在一起。但在18 世纪末和 19 世纪初,一系列惊人的发现使它从事实和实验结果逐渐发展为一种成体系的科学哲学。化学家开始寻找更深层的真理,把所有已知的事实联系起来。当牛顿用重力将行星的运动和一个苹果掉在地上的简单观察联系起来,他已经走在了前面。那么,是否有更大的基本原则连接不同的化学反应、化合物和元素的性质呢?

热素,一种神秘的流体,人们认为它在所有物质中或多或少存在,一度被认为是燃烧产生的原因。著名的法国化学家安托万·拉瓦锡——在后面的章节中我们会再次提到他,认为氧气的存在令一些化合物具有酸性。随着更严谨的科学发展起来,这些理论暴露出严重缺陷，但人们也一直在进步。化学元素表逐步展示了不同元素之间的相似性或组群性。拉瓦锡与皮埃尔·西蒙·拉普拉斯（被誉为法国牛顿）共同开发出一种新的化学命名系统，它带来了秩序并显示了联系。在那之前，人们掌握的既有事实是混乱且明显孤立的。

随着新发现的出现，许多新事物——土地、植物、民族、元素、制造技术和科学过程——都需要新的名称。事物的命名具有重要意义。比如，拉瓦锡所命名的氧气，意思是"酸的生产者"，包含了他关于元素的理论，以及他认为氧气是如何与其他物质发生关系的。当新的科学分支出现时，这些实验者以工作来定义自己。本杰明·富兰克林和约瑟夫·普利斯特里自称电学家。汉弗莱·戴维爵士和安托万·拉瓦锡爵士都被称为化学家。但这些身份不是固定的。在 18 世纪，富兰克林可以同时成为政治家、印刷商和自然哲学家。普利斯特里也以他关于政治、宗教和教育主题的著述而闻名。

这些人——甚至连玛丽·雪莱的维克多·弗兰肯斯坦——都不会自称"科学家"。令人意外的是，连这个词也尚未发明出来。直到 1833 年英国科学协会的一次会议，威廉·胡威立[1] 近乎开玩笑地提出，由于从事艺术工作的人被称为艺术家，所以从事科学工作的人可以被称为科学家。但还需要几年，这一称呼才会被接受并广为使用。[2]

化学家此时正在快速识别、区分和命名新元素，甚至"元素"一词也被重新评估和定义。每一天，像水这样的物质都在彻底改变特性——它被发现是氢和氧的产物，而不是像自古以来被认为的那

---

1　威廉·胡威立（William Whewell，1794—1866），英国科学史家、科学家，曾任剑桥三一学院院长。编注。
2　本书中，为简便和易于理解，将使用"科学家"一词，即便它此时尚未在历史上出现。

种单独的元素。

　　经由英国皇家研究院研究员兼讲师汉弗莱·戴维爵士等人的努力，化学作为一门学科的地位提升到了十分重要的高度。化学正在成为一种专门知识，对于从事医学、其他科学，以及从事工程、地质或农业领域工作的人来说是一种必要知识。毫不奇怪，玛丽的人物维克多·弗兰肯斯坦在因戈尔施塔特（Ingolstadt）大学就读时，学习过化学课程。

　　推动化学发现的很大一份助力来自电。18世纪的科学家重新彻底地评估了电力现象。在世纪初，静电是唯一已知并可按需生产的电力形式。某些动物如电鳗，可以产生冲击力量，许多人认为这事实上是一种发电现象，但没人能确定。闪电看起来像是一个更为辉煌的火花，故而可以用静电制造，但没人能确定它们是同一种物质，直到本杰明·富兰克林设计了一个戏剧性的实验。1750年，富兰克林提出，在雷雨时从云层中可以分离出电，这证明闪电本质上是带电的。法国科学家在1752年进行了这项实验，证实了富兰克林的假设。雷雨为玛丽·雪莱生活中的许多戏剧性时刻提供了背景，在《弗兰肯斯坦》中她暗示了富兰克林的实验：年轻的维克多目睹了一棵树被闪电摧毁。

　　1745年，随着莱顿瓶的发明，电力技术取得了巨大进步。那是一种可以储存电荷的简单装置，意味着人们可以按需收集和供应电力。后来，在1800年发明的伏打电堆（我们称之为首块电池）具有更高的控制能力和电量水平，使科学家能够使用电力来探测不同材料的本质，揭示出更多的新元素。伏打电堆也被用来在死青蛙和截瘫的人体上激活肌肉。

　　电力和天气、电力和材料之间已经建立了联系。动物实验也揭示了电与生活之间的紧密联系。因此，关于化学和电在医学中的潜在应用已不再是无稽之谈。医学和解剖学知识曾在欧洲停滞了近1500年，直到16世纪，安德雷亚斯·维萨里（Andreas Vesalius）等解剖学家才勇敢地探索人类尸体的内部，记录体内种种非凡的细节，以及人体内部运作之美。在17世纪，人体越来越被视为一种有机的机器，最好的例子来自17世纪的医生威廉·哈维，他将心脏描述为一种泵。玛丽·雪莱的《弗兰肯斯坦》是这一思想进程中合乎逻辑的一步。这部小说提出，生物可以通过零件拼装制造出来，就如当所有部件被正确组装时，一台机器就能正常工作一样。

18世纪下半叶，对人体及其构造的迷恋，使医学生人数大增。对那些希望有资格成为医生的人来说，解剖学是必需的知识。在英国，合法的尸体数量、教授解剖学的公立医学院都很有限。那些有胆魄的人建起了私立学校，提供解剖学的实践教学。学生的实验品来源是半夜从墓地偷来的尸体。解剖学校和墓地为玛丽笔下的人物维克多·弗兰肯斯坦的诞生提供了原始素材。

在一个充满科学思想，而且很少或根本没有限制的专业里，不可避免地会产生将电现象和人体生物融合起来的迷恋——电疗法应运而生，即用电来刺激肌肉。刚被绞死的罪犯尸体耸人听闻地展示了电有可能使死者复活。从私人沙龙、时尚聚会到科学社团，到处都在讨论电疗法；它与其他医学和恐怖话题都在迪奥达蒂别墅（Villa Diodati）里被热烈地讨论，玛丽正是在此时受启发写下了《弗兰肯斯坦》。不过，电作为一种物质或力量的性质在当时仍然饱受争议。有人认为它可能类似于生命力量，或者实际上就是生命本身。

生命的本质和起源在18世纪末开始受到质疑。以前，除了《圣经》对人类和所有其他生物起源的解释，其他任何观点都是不可想象的。在生物学和植物学中，物种的多样性以及它们之间的相似之处，暗示了某种形式的适应与进化。医生、发明家伊拉斯谟斯·达尔文（Erasmus Darwin），查尔斯·达尔文的祖父，初步提出进化论，他称之为"从贝壳中得到的一切"，并对生成过程进行了推测。不过他小心地将上帝完全排除在这一过程之外，并强调"神圣的万物之源"是这一过程的发起者。

伊拉斯谟斯·达尔文甚至认为，一个物种的力量可能会导致另一个物种的毁灭——这种恐惧与维克多·弗兰肯斯坦在考虑让一个雌性生物作为他第一个造物的伴侣时所表达的恐惧相似。玛丽·雪莱在她1831年版的小说序言中，引用伊拉斯谟斯·达尔文作为她构思弗兰肯斯坦时的灵感来源。她提到一个自发生成的实验（某些生物不需要父辈存在就能自我生成的显性能力）——一块保存在玻璃壳下的寻常意大利面似乎移动起来，并显示出生命的迹象。这对一块食物来说是出乎意料的，但可能是由苍蝇的卵孵化出蛆引发的，只是太微小了肉眼看不见。对于这种被认为是自发产生的现象，自然有相关报道，不过玛丽将其错误地归功于达尔文博士。

在玛丽出生前的一个世纪及此后的几十年里，科学进步的步伐可谓非同寻常且令人振奋，而对一些人来说则是可怕的。玛丽出生时，化学刚刚才从炼金术中脱离出来，成为一门现代的、系统的科学。1789年，拉瓦锡列出了33种化学元素[1]，到玛丽去世时，名录上又增加了27个元素。模式正在显现，很快第一个周期表就将出现。

❦

启蒙运动时代也标志着人们对教育，特别是对科学教育的态度产生了变化。不同的国家做法不同，但普遍的趋势是建立机构，教

---

1　其中大多数都是我们今天将定义的元素，但不是全部，因为拉瓦锡的列表中还包括了光和卡路里等元素。

授技术技能，为日益增长的工业活动提供工人、管理人员和董事。还有人试图提高对普通人和较贫穷阶层的教育投入。尽管结果好坏参半，很大程度上也未能提高较贫困儿童的教育水平（为了帮助家里干活或去工作，他们的学习时间会受很大影响），但19世纪发展的模式大局已定。

上层阶级和新兴中产阶层的孩子被鼓励学习科学，有许多专门为儿童编写的图书出版了。女性也被科学领域接纳，甚至成为儿童科普读物的作者。比如19世纪初，简·马西夫人（Jane Marcet）的《对话》丛书，记述了两位年轻学者卡罗琳、艾米丽及其老师布莱恩夫人之间的科学讨论，非常受欢迎。马西夫人的书，用手绘的科学设备草图来说明、引导读者学习物理、天文学、化学和植物学的基础知识。书中的老师鼓励她的年轻学生质疑、讨论并分享自己的想法。

模仿和剽窃马西夫人创作的人很多，她的书在近一个世纪里也一直是教授科学的范本，很受学生的欢迎。名声毫不逊色于马西夫人的迈克尔·法拉第也是她的一个年轻粉丝。不过，马西夫人特别讨论了女孩接受科学教育的问题。她需要在书中发表这样的声明，这一行为本身就说明该话题的争议性。她主张女孩要参与科学，并声称获得了公共舆论的支持。女性了解化学科学，是一种社会进步。

不仅仅马西夫人对科学有贡献。伊拉斯谟斯·达尔文在创办女子学校时，开设了一门包括化学和植物学的课程。苏格兰工程师詹姆斯·瓦特在与妻子通信时，记录了相当多的技术细节。拉瓦锡的年轻妻子玛丽-安学习了英语，这样她就可以翻译英国皇家研究院的论文和英国科学家的其他作品。她成了丈夫的秘书和实验室助理，为他的实验画了详细的图纸，做了详细的笔记，颇有贡献。1787年，卡罗琳·赫歇尔成为英国第一位获得科学专业薪酬的女性。

国王乔治三世称她为天文学家和"彗星猎人"。

尽管有这么几个著名的例外，社会一般还是认为妇女不适合在实验室里参与过多。然而，她们在幕后的贡献是众所周知的，妇女参加公共讲座也获得了重视和鼓励。

玛丽·雪莱出生时，妇女接受教育的机会更多了。尽管玛丽出生在一个流言过多、收入有限的家庭，但在教育和智力启蒙方面，玛丽的童年令人羡慕，虽然并不那么传统。书香滋养了她的童年，在作家、艺术家、科学家和哲学家的陪伴中度过。玛丽成为一名作家并不奇怪，甚至在意料之中。只是没人料到，她会创作出弗兰肯斯坦这样的怪物。

# 第二章　发展

我们都是没有开化的人，只算半成品。

——玛丽·雪莱《弗兰肯斯坦》

玛丽·沃斯通克拉夫特·戈德温的父母都很杰出，对她的期望也非常高。玛丽的父亲威廉·戈德温是英国最著名和最具争议的作家之一。他最知名的著作《论政治正义及其对道德和幸福的影响》（也称《政治正义论》）于1793年首次出版，并多次修订和再版。这是一本反对政府和婚姻制度的态度激进的书，给他带来了名声、追随者，以及大量的批评。玛丽的母亲玛丽·沃斯通克拉夫特是个非凡的女人：聪明、大胆，是一位成功的作家、翻译家，也是一位女权主义者。女儿玛丽继承了她的很多品质。

还有许多人在玛丽的早年生活中扮演了重要的角色，某些事件和经历也以各种方式进入了她的小说《弗兰肯斯坦》。

威廉·戈德温生于1756年，来自一个中产阶级家庭，有着强烈的加尔文主义信仰。早年间，他接受了牧师的培训，做过几次简短的布道，但并不成功。虽然他的布道词写得很好，充满激情，却并不吸引人。当他读父亲的布道词而非自己的布道词时，更受教众欢迎。他阅读了哲学家卢梭、霍尔巴赫和伏尔泰的作品，越来越深地受到无神论和怀疑论影响，日渐激进。

年轻时他有过办学校的想法，制作了一本宣传册招揽学生。尽管这本小册子包含了许多关于教育的思想，却没有任何有用的招生信息，比如教师的详细信息、班级规模，甚至学费。显然，戈德温更多地是个哲学家，而非注重实用的商人。

教师生涯失败了，但戈德温的写作生涯开始起飞。自由撰稿人的收入虽然不多，却也可以维持开销。他创作了很多关于教育、政治和其他主题的文章、评论。第一次见到玛丽的母亲玛丽·沃斯通克拉夫特时，他35岁，在伦敦北部过着快乐的单身生活，周围有一群朋友和知识分子。起初，他并未期待与沃斯通克拉夫特有什么深入关系，多年后两人才终于成为夫妇。

玛丽·沃斯通克拉夫特出生于1759年，在七个孩子中排行第二。她的父亲常常酗酒并殴打妻子，最终因投资失败挥霍掉了家里所有的钱。因此，沃斯通克拉夫特不能指望依靠自己的家族生活，她一生都在努力养活自己，还经常寄钱给家人。

像她这样处境的女人获得独立收入的机会有限。19岁时，她离开家，找到了一份有偿陪伴的工作。接下来的9年里，她努力改善自己的处境，争取独立。她曾尝试与姐妹埃维娜和伊莱扎合作办学校，却以失败告终。后来，她谋得一个家庭教师的职位，学生是爱尔兰的金斯伯勒子爵的女儿。

基于在教育方面的经历，以及办学失败后对金钱的迫切需求，她写了一本书，《关于女儿教育的思考》。之后在1791年，她还出版了一部《真实生活中的原创故事》，这是她唯一的一部儿童小说。

1787年，沃斯通克拉夫特被辞退了，无处可去。出人意料的是，她大胆地搬到伦敦，以写作为生。这是极其勇敢的举动，当时很少有女人能指望靠写作实现经济独立。

沃斯通克拉夫特开始撰写评论，当发现翻译的收入更高时，她努力精进法语，并学习德语和意大利语。翻译工作让她实现了收支平衡。她还通过朋友、出版商约瑟夫·约翰逊出版了自己的作品。约翰逊是年轻作家和女性作家的坚定支持者。他出版的图书范围广泛，包括伊拉斯谟斯·达尔文的医学著作和威廉·古珀的诗歌，不过他最出名的出版物还是激进思想家如约瑟夫·普利斯特里和威廉·戈德温等人的作品。

约翰逊常常组织盛大的晚宴，召集并不断扩充他的作家网络。这是个态度折中的群体，不只有激进分子。他们应邀来讨论有趣的想法，并借以结交更多的知识分子和思想家。在1791年的一次晚宴上，玛丽·沃斯通克拉夫特第一次见到威廉·戈德温。他们没有过多接触。戈德温参加这次晚宴是为了聆听托马斯·潘恩（Thomas Paine）讲话，但这位《人权论》的作者对谈话贡献很少，因为自信的沃斯通克拉夫特主导着整场谈话。

之后五年里，戈德温和沃斯通克拉夫特再未见过面。其间，两人都陆续出版了有影响力、受人尊敬的作品，他们也随之声名鹊起。沃斯通克拉夫特离开英国去了法国。她曾对法国大革命发表过评论和看法，现在她要亲自去见证政治动荡了。

到了1791年，法国大革命已推进了两年，但尚未达到血腥的顶峰。法国的情况在英国受到广泛讨论，英国统治阶级对国内可能受到的影响非常关切。大革命对玛丽·雪莱的父母都有巨大的影响。沃斯通克拉夫特的《为人权辩护》受到关注。这是1790年她为回应埃德蒙·伯克的《反思法国大革命》而撰写的。虽然戈德温没有读过沃斯通克拉夫特的作品，但他也一直在思考法国的情况，并着手撰写他的重要著作《政治正义论》。其中虽讨论了革命斗争的重要问题，如政府的作用，但戈德温只限于讨论法国的事件，谴责在那里发生的暴力事件。这部极为激进的作品声称这样的政府将垮台，并坚决否认民法的必要性。它激烈地反对暴力，寻求缓慢和平地过渡到一个由真理和自然正义统治的世界。

因为法国大革命，沃斯通克拉夫特转而成为一位激进的政治作家。在法国，她与革命的主要成员成为朋友，并参与沙龙讨论政治和激进的观点。1792 年，她在《女权辩护》中探讨了革命对世界另一半人口的影响。妇女权利成为一项事业，沃斯通克拉夫特是最著名的鼓动者之一。

在巴黎，沃斯通克拉夫特遇到了美国商人、冒险家吉尔伯特·伊姆雷（Gilbert Imlay），并坠入爱河。这对情侣的关系非常高调，伊姆雷甚至公开将沃斯通克拉夫特称作自己的妻子，这并非是为了得体，而是因为当时英国公民面临着切实的监禁危险，丈夫的美国身份可以防止沃斯通克拉夫特被捕。当沃斯通克拉夫特发现自己怀孕后，这对恋人搬到了远离动荡巴黎的乡下，试图定居下来，享受更多家庭生活。沃斯通克拉夫特显然很高兴，但伊姆雷并非如此，他时常不在家。

1794 年 5 月 14 日，沃斯通克拉夫特生下了一个小女孩，名叫范妮，名字来自沃斯通克拉夫特年轻时的密友。然而，伊姆雷变得越来越暴躁，不在家的时间也越来越长。但沃斯通克拉夫特被蒙在鼓里，她先跟着伊姆雷去了勒阿弗尔，又回到了英国。当发现伊姆雷已经变心，她服下过量的鸦片企图自杀。伊姆雷救回了她。沃斯通克拉夫特仍然期望复合。当伊姆雷在斯堪的纳维亚的商业交易中遇到危机时，他让沃斯通克拉夫特带着小女儿帮他解决问题。沃斯通克拉夫特也许把它看成令伊姆雷回心转意的机会。虽然她成功地化解了伊姆雷的商业危机，但她回到英国后，两人还是分手了。

一切都毁了。沃斯通克拉夫特第二次尝试自杀。她在普特尼桥（Putney Bridge）上走来走去，雨水浸透了衣服，之后她跳进了泰晤士河。幸运的是，她被发现并获救了。

伊姆雷搬回了巴黎。沃斯通克拉夫特在朋友的支持下，生活逐步好转。写作帮助她康复了。沃斯通克拉夫特凭借独自带着幼女在外国旅行的经历，写了一部关于在瑞典、挪威和丹麦短居期间生活的书信体作品，于1796年出版。戈德温读了这本书，写道："如果有一本书打算让人爱上它的作者，在我看来就是这本书。"

❧ ❧

当戈德温和沃斯通克拉夫特在1796年再次相遇时，他们更加投合了，友谊逐步加深，发展为浪漫关系。但激进观念让他们并无结婚的打算，各自保持独身。不过，1797年3月29日，戈德温放弃了只谈恋爱的原则，在伦敦圣潘克拉斯教堂与玛丽·沃斯通克拉夫特结了婚。[1]只有他的密友詹姆斯·马歇尔在现场见证。发生转折的原因是，玛丽第二次发现自己怀孕了。有过范妮的前车之鉴，她希望通过结婚让孩子取得合法身份，这样的想法并不奇怪。

然而，他们依然不是传统的夫妇。婚礼后，他们搬进了相邻的房子，这样就可以离得很近，但仍保持独立的生活。他们试图对那些观念激进的朋友保密，但消息最终泄露了。一些朋友接受了这对伴侣，但另一些人认为这是对原则的背叛，并离开了他们。

当新婚夫妇等待他们的"威廉"诞生时，1797年的夏天出现

---

1　现在有两座圣潘克拉斯教堂，一座建于玛丽·沃斯通克拉夫特时代，另一座是最初的圣潘克拉斯教堂，现在被称为老圣潘克拉斯。

了一场壮观的气象景观。人们在海岸上看到了剧烈的潮汐和波涌，暴雨和雷暴席卷了整个英国。当时人们并不知道，这种不寻常的天气可能是遥远的火山喷发将粒子喷入大气造成的。这样的天气孕育了《弗兰肯斯坦》。

1797 年 8 月 14 日，夜空中出现了一颗明亮的彗星。许多人把它看作动荡未来的标志，但戈德温和沃斯通克拉夫特将它称为他们的幸运之星——玛丽·雪莱在以后的作品中如此提到。不幸的是，对戈德温一家来说，彗星是坏消息预兆的传统观点更贴合他们的遭遇。这颗彗星在 8 月 16 日最亮，然后迅速黯淡下去，到 8 月 31 日已完全消失。

1797 年 8 月 30 日，玛丽·沃斯通克拉夫特开始分娩。早上 8 点，她给戈德温发了一封宽慰他的信，说她希望"今天能看到这只小动物"。戈德温像往常一样去了办公室。而沃斯通克拉夫特，基于激进的信仰，只同意一名女助产士在场，拒绝了男医生。范妮的出生很顺利，她没理由认为这次会有什么不同。

晚上 11 时 20 分，玛丽·沃斯通克拉夫特生下了一个女婴，取名为玛丽。几个小时后，助产士担心地告诉戈德温，胎盘还没有出来，应该请医生来。医生把玛丽的胎盘碎片逐一摘去。她形容这是她经历过的最可怕的痛苦。10 天后，在经历了一段时间的精神错乱和抽搐后，她死于产褥热。这种感染可能是由医生的手引发的。

她的去世击垮了 41 岁的戈德温。他甚至无法去圣潘克拉斯教堂埋葬他的妻子，6 个月前他们在那里结婚。悲痛中，他写了自传体作品《关于〈女权辩护〉作者的回忆》，向已故的妻子致敬。他诚实坦率地描述了妻子的生活，包括她与伊姆雷的情感，她的自杀企图。他认为这是对一个女人的致敬，一个坚强的，曾经历过许多逆境，遭遇过认为其生活不道德的非议的女人。浪漫主义诗人罗伯特·骚塞将这部作品描述为"将他死去的妻子的衣服脱光"。

戈德温需要照顾妻子留下的两个年幼女孩，其中一个还不是他的孩子。然而，他对这两个女孩很好。戈德温让 3 岁的范妮跟自己姓戈德温，并决定对她隐瞒真实的出身，直到她足够大，足以理解她母亲与伊姆雷的关系。不过，抚养两个小女孩对他非常艰难，那个最适合抚养两个年轻女孩的人，《关于女儿教育的思考》和《真实生活中的原创故事》的作者，已经死了。

玛丽出生才 19 天的时候，戈德温让朋友威廉·尼科尔森（一位我们在故事中会多次遇到的科学家）用面相学[1]观察了她的面容。通过研究面部特征来确定人格特征，在当时是一门新的、令人兴奋的科学。当玛丽哭的时候，尼科尔森发现"她的嘴太大了，不能很好地观察"，又认为她头的形状暗示着"相当强的记忆力和智力"，而且没有迹象表明她将"脾气不好"或是"会遭受轻蔑"。也许为了安慰悲伤的戈德温，尼科尔森还补充说这种性格论断只是挂一漏万的简要说法，"没必要因为某种性格的说法犯傻"。

在教育这两个年轻女孩时，戈德温至少有沃斯通克拉夫特的书可供借鉴，但他对女性能力的想法与沃斯通克拉夫特不同。她认为"思想没有性别"，但他不同。他坚信男人和女人都有巨大的潜力，每个孩子的个性都应该得到最大的发展，然而，在小说《弗利特伍德》（*Fleetwood*）中，他借同名主角之口说道，女人不可能成为牛顿或莎士比亚。但不管怎样，他认为男孩和女孩应当平等接受小学教育，并对男性和女性都抱有很高的道德期望。

虽然他为女孩们尽了最大努力，但对戈德温来说，最好的

---

1　一套与骨相学有关的研究方法，促进了骨相学的发展。

选择是再婚。一次邂逅之后，他娶了邻居玛丽·简·克莱蒙特（Clairmont，以下将称为戈德温夫人，避免与戈德温生活中的另外两个玛丽相混）。此前，他曾向两个女人求婚但都被拒绝。1801年5月5日，戈德温在他的日记中写了一篇题为"遇见克莱蒙特夫人"的文章（"夫人"的称谓很可能并未准确反映她与克莱蒙特先生当时的关系）。

两人于1801年12月21日结婚。威廉·戈德温与玛丽·简·克莱蒙特夫人——一位寡妇——的第一次婚礼，见证者只有戈德温的密友詹姆斯·马歇尔。然后，这对夫妇急忙秘密地赶到另一座教堂，威廉·戈德温在那里娶了玛丽·简·维尔（Vial）。也许他们担心第一次仪式不会有效，因为克莱蒙特不是她的本名。新戈德温太太很可能在婚礼时就怀孕了，尽管孩子没有活下来。戈德温太太带着她自己的两个孩子，简（后来被称为克莱尔）和查尔斯。很可能这两个孩子有着不同的父亲。这意味着，1803年，新的戈德温夫妇生下威廉后，生活在戈德温家庭的五个孩子，每个孩子的父母都有所不同。

戈德温显然非常关心他的第二任妻子，但他的大多数朋友都很讨厌新戈德温夫人。在表面的礼貌之下，她有着可怕的脾气，经常说谎，偷看别人的信件，还在背后散布流言蜚语。但她最大的罪行，似乎是因为她不是玛丽·沃斯通克拉夫特。她痛苦地意识到了这一点，并可能由此受刺激产生了更为刻薄的行为。玛丽崇拜着母亲玛丽·沃斯通克拉夫特，从来没有和她的继母好好相处。她会避免做家务，然后逃出去，到圣潘克拉斯教堂墓地，坐在母亲的坟墓旁读书。

尽管缺点很多，但戈德温夫人有很好的商业头脑，鼓励丈夫开办少年图书馆，以利用日益增长的儿童教育的需求。少年图书馆为学校及中产阶级的孩子提供服务。戈德温夫人还会翻译法国和瑞士的童话故事，她的法语十分流利。[1]

戈德温还向图书馆贡献了几本以笔名出版的书，而他更多的学术作品则署了真名。通过他的个人关系，他还引进了一些非常受尊敬的作者的作品，如查尔斯·兰姆和托马斯·霍尔克罗夫特（Thomas Holcroft），增加了图书馆馆藏。戈德温的家里有五个孩子，他们可以试读新书。

19世纪初，有许多专门面向儿童的出版物，其中一些含有重要的科学内容。例如，《少年图书馆》（与戈德温夫妇无关），这是1800年至1803年间发行的一份月刊，被一部6卷的男女儿童教育百科全书收录。其中有大量关于科学和自然历史的章节。相比之下，戈德温的少年图书馆中大多数是经典文学和历史改编读物。这些作品几乎没有科学内容，但还是有许多其他素材能激励年轻的玛丽·戈德温。

威廉·戈德温对少年图书馆的贡献是关于希腊和罗马神话、英国历史以及其他主题的作品，这为他子女的教育奠定了良好基础。但他们的学习经验远不止这些。玛丽所受的教育在她生活的时代是传统的，因为她很少接受正规教育，而是在家里接受教育。她成长的环境很特殊。戈德温教玛丽读写她的名字，通过刻在她母亲墓碑上的字母来启发她。一旦她能阅读，戈德温就尽他所能鼓励她热爱阅读。他在这方面非常成功，因为玛丽一生都是一个饥渴的读者，有时每天阅读长达16个小时。戈德温有一个内容广泛的个人图书馆，在少年图书馆开始建设后，家里的书更多了。还有一些专门的书留给玛丽。在玛丽·沃斯通克拉夫特第二次怀孕期间，她为范妮

---

[1] 多亏了她，约翰·戴维·维尔斯（Johann David Wyss）的儿童经典《瑞士人罗宾逊一家》（*The Swiss Family Robinson*）被介绍给英国读者。

和"威廉"写了一系列课程。

玛丽比当时的很多年轻女性更有优势，因为她的父母，是对女性教育有进步思想的知识分子，但戈德温的第二次婚姻可能限制了他的进步思想能付诸实践的部分。戈德温经常被问到是否以沃斯通克拉夫特的方式养育他的年轻家庭成员。他的回答是："'现在的戈德温夫人'没有接受女孩们的母亲的所有观念，我们两个人都没有足够的时间进行新的教育理论实践。"

在戈德温遇到第二任妻子后的夏天，玛丽和她的姐姐一起上了一所全日制学校，但这似乎没有持续很长时间，戈德温继续在家里教女孩。相比之下，玛丽的兄弟被送到寄宿学校。就连玛丽的继妹克莱尔似乎也比玛丽接受了更好的正规教育，在女子学校度过了一段时间。家人期望克莱尔能成为一名教师。比起对玛丽·沃斯通克拉夫特的孩子，戈德温夫人似乎对自己孩子的教育投入了更多的时间和资源。

女孩们往往只接受家庭教育，特别是学习那些"女性化"的特长，如针线活、艺术和音乐。玛丽有音乐和绘画方面的导师，还有一位家庭教师玛丽亚·史密斯小姐，玛丽很信赖她。所有的年轻女性都应该在一系列话题上有所见地，以便能够在谈话中机智应答，而在当时的英国，很少有像戈德温这样能够提供如此丰富和多样化的教育来激发出高质量对话的家庭。

无论玛丽在系统性学习方面缺乏的是什么，一定都会由戈德温家的热心来访者补上。1807年，戈德温一家搬到斯金纳街41号，这为他们的出版业务、家庭住宅和商店提供了基地。商店还出售地图、文具、玩具以及书籍。斯金纳街当时在霍伯恩的一个非常不体面的地方，周围是屠宰场，在老贝利的绞刑架附近。人们在去看绞刑的路上匆匆经过商店，杀人犯的尸体被带到附近的外科医学院进行解剖。

尽管戈德温的住处远离尘嚣，他关于第一任妻子的回忆录也令家庭蒙羞，但他的许多朋友和追随者仍然前往伦敦这个不怎么体面的地方访问他。许多人也来看玛丽，这是两个伟大激进分子的"浪子"女儿，她迷人的外表和显眼的智慧令人印象深刻。

戈德温一家的访客包括各式各样的知识分子，从安东尼·卡莱尔这样的医务人员，到汉弗莱·戴维这样的科学家，以及亨利·詹姆斯·里奇特和詹姆斯·诺斯科特（他画了戈德温的肖像）等艺术家，还有威廉·华兹华斯和塞缪尔·泰勒·柯勒律治。政治家、哲学家和艺术家也留下来吃晚饭。应该睡觉的时候，玛丽和范妮会潜入戈德温的书房，听他们的谈话。在一个难忘的时刻，玛丽，这次是在她的继妹克莱尔的陪同下，躲在沙发下听到柯勒律治朗诵他的著名诗篇《古舟子咏》。这给年轻的玛丽留下了如此深刻的印象，以至于她仍然可以在几十年后回忆起此事，并从这首诗中为她的小说《弗兰肯斯坦》汲取灵感。

除了广泛阅读，音乐和绘画导师，还有伦敦的艺术展览、讲座（包括参观英国皇家研究院听汉弗莱·戴维演讲）和戏剧，这些都让玛丽特别兴奋。还有，当戈德温应邀去朋友家赴宴，他也经常会带上自己年轻的家庭成员。

玛丽对自己的聪慧非常谦虚，有些人认为她的大部分教育都是由于遇见了珀西·比希·雪莱。但正如我希望我已经展示的那样，她与雪莱才华相当，在某些方面可能还超过了他，特别是在戈德温热衷的英国文学和历史方面。另一方面，雪莱对古典文学和科学有更多的了解，也为玛丽在学习古希腊和罗马文学时起到了导向作用。

雪莱在大学期间出版了两部小说。事实上，玛丽的著作首次出版时，她的年龄要小得多，可以说她拥有一部更成功的处女作。玛丽很小的时候就写了"故事"，而人们相信，10岁的玛丽还为一首流行的滑稽歌曲《蒙瑟弄通泼》（*Mounseer Nong Tong Paw*）写了一个扩展版本。这是对少年图书馆的一个非常成功的补充，并被重版了几次，尽管除了戈德温的私人信件外，她没有被承认为作者。[1] 在家里，戈德温也鼓励家人坐下来听小威廉的演讲。一个简陋的讲坛竖立起来，这样他就可以像模像样地对着他的家人兼听众演讲。一些短小的布道词有时是玛丽执笔的。

玛丽的家无疑是一个激发智力的环境，但它不是最幸福的地方。玛丽崇拜她的父亲，但范妮、玛丽和她们的继母日益对立。还有对金钱的担忧——尽管少年图书馆的销售额不断增长，但由于管理混乱，债务堆积如山，这些都加剧了家庭气氛的紧张。

家里的压力及与继母的关系可能是玛丽14岁时生病的原因。一位医生为治疗玛丽的虚弱和手臂上的皮肤过敏，推荐了盐浴，所以玛丽被送去住在海滨小镇拉姆斯盖特，在那里她的病情有了好转。可回到斯金纳街后，她病情恶化，治疗措施因此更加极端。

1812年6月7日，还不到15岁的玛丽，独自一人，胳膊上吊着绷带，登上了一艘开往苏格兰的船。戈德温向一个熟人，激进的持不同政见者威廉·巴克斯特，写信描述了这个年轻女孩："她非常大胆，有点专横，头脑活跃。她对知识的渴望是强烈的，她在一切事情上的毅力几乎是无与伦比的。"在码头上，戈德温遇见了一对母女，他请她们帮忙照顾年轻的玛丽，直到她在邓迪（Dundee）上岸，接受巴克斯特的照顾。

这绝对是一次令人望而生畏的冒险，但玛丽在苏格兰茁壮成长。

---

1　这首诗的真正作者是谁存在一定的质疑。年轻的玛丽可能为这首诗提供了主体思想或底稿，然后由一位更有经验的作家扩展而成。

她和巴克斯特的女儿们建立了亲密的友谊，特别是伊莎贝尔。巴克斯特带着玛丽游览苏格兰，在爱丁堡和圣安德鲁斯逗留，并沿着泰河经由格兰屏山到因弗内斯。苏格兰和邓迪市给年轻的玛丽留下了深刻印象。在《弗兰肯斯坦》中有很多苏格兰遗址的影子，尽管维克多·弗兰肯斯坦所选的创造他的二等生物的遥远小岛，可能是玛丽想象的产物，而不是根据经验描述的。她逗留期间的其他方面也影响了她的创作。

在邓迪当地的说法是，玛丽在此地与巴克斯特夫妇同住期间就开始写作《弗兰肯斯坦》了。虽然这个传说可能不是真的，但在她逗留这个城市期间，确实播下了一些鼓舞人心的种子。19世纪初的邓迪是一个大型港口。船只开航是为了捕鲸探险和去寒冷的北部地区做科学探索——正是《弗兰肯斯坦》开始和结束的地方。玛丽回忆说，正是在苏格兰，她让想象力自由驰骋，创建了"空中楼阁"，创造了幻想故事。

当玛丽陶醉于她全新的苏格兰生活时，戈德温回到斯金纳街的家，收到了一位年轻仰慕者的信。这并不罕见。许多年轻人受到戈德温的感召，与他们心中的这位伟人建立了书信往来，但这封信更有意义，因为它来自珀西·比希·雪莱。戈德温用令人鼓舞的话语回了信。在雪莱的第二封信中，这位年轻的激进分子透露，他是一笔很大金额的遗产的继承人，这引起了负债累累的戈德温的注意。

珀西·比希·雪莱是蒂莫西·雪莱爵士的长子，后者是戈林堡男爵二世，国会议员，属地丰沃。雪莱田园诗般的童年是在西苏塞克斯的田野度过的，在那里他可以探索那些仿佛无边无际的大房子和土地，编造巨蛇和炼金术士的奇妙故事来逗乐或吓唬他的四个妹妹。雪莱最初是在家里受教育，10 岁时被送到了伦敦西部的锡恩之家学校，接受了一个上流社会男孩应该接受的更加传统的教育。因为乡下口音和耽于幻想，雪莱总被同学取笑。他讨厌学校，尽管他不愉快的学校生活也有闪光的一面。

在锡恩之家学校和之后的伊顿公学，雪莱受到了亚当·沃克（Adam Walker）的影响。沃克当时在全国做巡回演讲，讲授科学，尤其是电学。他是电力改善社会论的极力倡导者，热衷于分享自己的知识。他出版了著作《自然哲学课程大纲》，旨在宣传他的讲座，里面也有关于电力设备的详细描述，读者可以据此自己开展实验。他曾是英国最著名的电学家约瑟夫·普利斯特里和月球协会其他成员的朋友。总部位于伯明翰的月球协会聚集了詹姆斯·瓦特、马修·鲍尔顿和伊拉斯谟斯·达尔文等人，开展科学讨论和非正式实验。当沃克不在巡回演讲或者发明神奇的机器时，他会去英国一些最负盛名的学校讲课。沃克在科学演示中的表演和技巧，让听众中的一个男孩，珀西·比希·雪莱，被自己看到和听到的东西迷住了。

雪莱成为一名热情的业余科学家，这种热情一直伴随了他多年。沃克的一个助手要么出售、要么帮助雪莱制造了自己的电机。雪莱的姐妹们讲过他为了化学实验衣服被染色和烧坏的故事。他对电学充满热情，并在实验场地制作了自己的原电池。他会对他的姐妹们进行实验，说服她们在幼儿桌旁牵手，同时对她们进行电击。他的一个姐妹后来回忆说，看到雪莱走近时她吓坏了，他的手臂下有一张棕色的包装纸，还有一点电线和一个瓶子。他建议用电击来治愈她的冻疮，"恐怖压倒了其他所有的感觉"。

1804 年，雪莱去了伊顿，并得到了与在锡恩之家学校相同的待遇。他有些抗拒，拒绝参加学校通常的活动，如体育运动和摇尾乞怜[1]，因此每天都被欺负。雪莱继续在伊顿开展电学实验，对灵异故事、魔法和神秘学的兴趣也发展起来。他花了一整晚在乡间游荡，用以确信他的咒语是成功的，自己正在被魔鬼追赶。毫不奇怪，他被冠以"疯狂雪莱"的绰号。

雪莱 18 岁时被送到牛津大学，在那里他遇到了他后来的忠实朋友和传记作家托马斯·杰斐逊·霍格（Thomas Jefferson Hogg）。霍格被邀请去雪莱的大学寝室，在那里他发现了"一台电机，一个空气泵，一个电镀槽，一个太阳能显微镜"。雪莱会热情地宣讲科学的可能性，巨大的电力能改变社会，如果它能被驯服和控制的话。霍格形容此时的雪莱为"实验室里的化学家、书房里的炼金术士、洞穴里的巫师"。

雪莱和霍格在牛津的时间并不长。他们一起写了一本关于"无神论的必要性"的小册子，导致他们在 1811 年 3 月 25 日被逐出大学。雪莱的父亲非常愤怒，随后通过律师与儿子进行了沟通。如果雪莱不答应无条件地服从父亲的意愿，他就只能与家人断绝关系，每年只拿 200 英镑（相当于今天 13200 英镑的购买力）的生活津贴。雪莱忠于激进原则，拒绝让步。对于他这个身份的人来说，200 英镑是一笔微薄的津贴。耻辱地离开牛津五个月后，19 岁的雪莱与16 岁的哈丽特·威斯布鲁克（Harriet Westbrook）私奔到苏格兰。哈丽特是一位成功的咖啡店老板的女儿，一个漂亮女孩，但没受过良好教育。她在学校见过雪莱的妹妹海伦。哈丽特聪明、迷人，但太年轻，显然对在家里与父亲一起生活非常不满。也许雪莱认为自己是在拯救困境中的少女。

结婚后，这对夫妇经常搬家，而雪莱的余生都会如此。他们

---

1　高年级学生总是把年轻学生当作奴仆，他们在对待年轻男孩时往往很残忍。

花了一段时间在湖区拜访诗人罗伯特·骚塞，还去了英格兰西南部和威尔士。他们在爱尔兰经历了一次不成功的旅行，雪莱试图参与天主教解放事业。他的观点越来越有政治性，尤其偏好激进思想。他读过《政治正义论》和玛丽·沃斯通克拉夫特的作品，但令人惊讶的是，他给戈德温写信时没有提到这些，也没有寻求后者的指导。

戈德温坚信，财富应该分配给那些能够最好地利用财富的人，这是他在《政治正义论》中所表达的一种哲学。因此，他毫不内疚地与年轻的雪莱交往，做他的导师，希望雪莱能够以减轻他的债务负担作为回报。为此，戈德温鼓励雪莱与家人和解。

和妻子哈丽特来到伦敦时，雪莱与斯金纳街的通信日益密切，并发展为定期的拜访。新来的仰慕者和他登门拜访的消息传到了在苏格兰的玛丽那里，但两人在一段时间里仍未谋面。玛丽回到伦敦，与克丽丝·巴克斯特（Chrissy Baxter）生活了 6 个月。期间，她有可能短暂地见过雪莱。1812 年 11 月 11 日，雪莱与妻子及其姐姐在斯金纳街共进晚餐。玛丽和克丽丝前一天刚到。1813 年 6 月，玛丽和克丽丝回到苏格兰。直到 1814 年 3 月，玛丽回到斯金纳街，她与雪莱才再次见面。与此同时，雪莱重新开始了对戈德温的拜访。

1814 年玛丽回到家时，手臂已完全治好了，她对生活充满热情。她甚至穿着一件苏格兰格子呢连衣裙，这在当时的伦敦并不常见。与此同时，雪莱与哈丽特的关系越来越疏远。他的婚姻正在破裂，到了 1814 年 2 月，他常常数周离开哈丽特和他年幼的女儿伊恩特。

玛丽和雪莱的第二次正式会面在 1814 年 5 月 5 日，玛丽的智慧和美丽瞬间吸引了雪莱，他形容她是自己见过的所有年轻女孩中最好的学者。她也是个不想住在家里的年轻姑娘，这也许为他扮演救援者提供了又一次机会。

两人在一起的时间越来越多。雪莱经常和玛丽一起去她母亲在圣潘克拉斯教堂的墓地。玛丽的继妹克莱尔·克莱蒙特陪着他们，据说克莱尔会在那里放哨，但经常自行离开。正是在沃斯通克拉夫特的坟墓边，他们互相示爱，私订终身。

与此同时，戈德温从雪莱那里获得资金支持的希望也受挫了。雪莱无法或不愿意与家人和解，没有经济能力直接支持戈德温。为此，戈德温鼓动雪莱以惊人的利率去贷款。1814年7月6日，雪莱签署了一份贷款文件，其中一部分是为了缓解戈德温的经济困难，然后他和戈德温散步走了很长一段路，告诉他自己和玛丽打算建立一个家庭。鉴于戈德温在《政治正义论》中倡导自由爱情，以及他与玛丽·沃斯通克拉夫特结婚前两人的开放关系，雪莱和玛丽还很期待戈德温会祝福他们。但戈德温十分愤怒，试图分开两人，对女儿和雪莱都给予了严厉警告。雪莱被禁止再踏入他的家，玛丽被要求停止与诗人的一切交往。而玛丽宣称她将忠于雪莱，因为她不会再爱上其他人，但同意自己不再见他，也不会鼓励他继续示爱。

事情并未就此结束。他们被迫分开后的某个下午，雪莱冲进了房间。"他们想把我们分开，我的爱人，但死亡会让我们团聚，"他说着，给了玛丽一瓶鸦片剂，"这会让我们重聚"。他还带着手枪。玛丽让他平静下来，于是他走了。不久之后，门铃在午夜响起，传来了雪莱过量服用鸦片剂的消息。戈德温一家冲出去救他，玛丽却待在家里懊恼。

戈德温让这对恋人分开的所有努力，都在1814年7月28日这天失败了。雪莱在斯金纳街外的一辆马车里等着，而玛丽在房里收拾行李，并在戈德温的书房留下了一张纸条。凌晨4点，玛丽从斯金纳街41号走出来，坐上等候的马车，去了多佛。令所有人惊讶的是，克莱尔·克莱蒙特和他们一起离开了。他们从多佛出发，计划去法国旅行。克莱蒙特解释说，她很有用，因为她是这趟旅行中唯一会说法语的。她也很可能是为了逃离戈德温家的紧张气氛，或许是因为已经爱上了雪莱，可能三种原因都有。无论离开的原因是什么，在接下来的 8 年里，克莱尔都一直和这对恋人在一起。

7 月 28 日，天气酷热。晚上，三人穿越海峡时，一场风暴席卷了海峡，玛丽躺在雪莱的膝盖上，晕船晕得厉害（也许是怀孕早期的反应）。雷声、闪电和暴雨倾泻在他们身上。当他们的船到达加来时，太阳伴着他们新的冒险旅程升起。

# 第三章　出逃

……我们在探索的旅程中……

——玛丽·雪莱《弗兰肯斯坦》

　　和克莱尔·克莱蒙特一起到达法国几天后，玛丽和雪莱开始共写日记，记录他们的新生活。起初，两人都撰稿描述风景、当地人和他们旅程中的磨难，但后来玛丽接管了日记记录者的角色。玛丽把日记作为她成年后第一次出版的作品《六周游记》的主要来源[1]，而三人之旅也为《弗兰肯斯坦》提供了素材。

　　玛丽和雪莱共同生活的头两年为她的处女作提供了大量的材料，而不仅仅是她的那场私奔（她第一次去欧洲）。一系列的作品、想法、风景和人物，正在玛丽的记忆中积累，她会将其缝合在一起，形成她的怪物。但这一切还需要很多年。1814 年夏天，玛丽和她亲爱的雪莱开始了冒险。

　　这对夫妇对第一次旅行充满了期待。尽管资金有限，到新的地

---

[1]　这本书实际上是以珀西·比希·雪莱的名字出版的，但玛丽是合著者。

方旅行的新奇和兴奋还是使他们保持了饱满的精神。在过去20年中，由于战争，欧洲很多地方对游客关闭。这些战争和法国大革命的破坏性结果对旅行者来说是显而易见的，但这并没有令他们退缩，因为他们沉浸在自己的幸福中。

三人途经饱受战争蹂躏的法国，然后去瑞士，大部分的行程都是徒步，因为资金非常有限。扭伤的脚踝、不配合的骡子和粗暴的司机几乎没有减少他们的热情。他们原本希望在瑞士山区的一个湖泊边待下去，但由于财务窘迫，他们别无选择地只能用最便宜的方式——沿着莱茵河乘船返回英国。他们沿河经过熙熙攘攘的贸易站、繁忙的城镇和古老的摇摇欲坠的城堡。1814年9月初，他们在达姆施塔特所辖的盖恩斯海姆停留了很有意义的一晚，那里一座山顶上就矗立着弗兰肯斯坦城堡。

城堡是玛丽小说灵感来源的说法已经流传了两个世纪。玛丽的小说当然有许多巧合和潜在的灵感来源，但并不限于这座城堡的名称。

弗兰肯斯坦城堡是由康拉德二世赖兹·冯·布鲁伯格勋爵在13世纪建造的，他在建造了城堡后，将其改名为冯·弗兰肯斯坦。弗兰肯斯坦的字面意思指"弗兰克斯的石头"，这是一种常见的命名方式，弗兰克斯在当地也是一个相当寻常的德国名字。到了17世纪，城堡成了那些逃离法国战争的人的避难所和医院。1673年8月10日，城堡日后最臭名昭著的住客——约翰·康拉德·迪佩尔在此诞生，他的父母是寄居于此的难民。

迪佩尔长大后成为一名专业的炼金术士，当地人传言，为了获得财富，他把自己的灵魂卖给了魔鬼。关于迪佩尔与其实验的传说比比皆是，包括他发现点金石[1]的故事，他还尝试过转移灵魂。他是否真的做过这一特别的实验尚不可知，但他在《肉体生命的疾病和补救》这本书中曾写到如何借助漏斗，将灵魂从一具尸体转移到另一具尸体。1698 年迪佩尔在哥廷根学习时，对炼金术和医学产生了兴趣。一位教授把迪佩尔描述成"莫名其妙的作家、化学家，他的大脑似乎被实验室的大火加热到高度发酵"。

大约 1700 年，迪佩尔开始研究可能的新药，他的兴趣集中在动物身上。他用动物尸体通过破坏性蒸馏法得到了一种油。18 世纪，将动物甚至人的部分身体用于医学由来已久，许多人吹嘘其中的好处。法国化学家皮埃尔·约瑟夫·马克认为，动物油在医学上有着极好的声誉。彼得·肖是 18 世纪的医生、医学作家，他形容用过它的病人"精力充沛，满怀感激"。迪佩尔声称他的油不仅对治疗轻微的疾病有好处，还是一种能够包治百病甚至驱魔的通用药物。他的医学论文中很大一部分都在讨论这种动物油的特性。

在关于尸体的实验和将普通金属转化为黄金的尝试中，迪佩尔对现代科学做出了真正有价值的贡献，尽管更多是由于运气而非有意为之。1704 年，迪佩尔住在柏林。印刷商约翰·雅各布·迪斯巴赫用胭脂虫制作深红颜料。迪斯巴赫从迪佩尔那里借了一些硫酸钾，用来生产动物油。当硫酸钾被添加到迪斯巴赫的胭脂虫颜料中时，没有出现预期的红色，而是产生了深蓝色色素。这种颜料被命名为柏林蓝，后来被用来染普鲁士军队的制服，被称为普鲁士蓝。这种色素已被艺术家、印刷厂商和摄影师所用，还被用于治疗铊中毒，病理学家也用它作为一种染色剂来确定铁的存在。迪佩尔的工

---

1 一种据说能将普通金属转化为黄金的材料，并在 21 世纪从一个巫师男孩那儿流行起来。

作终究对医学做出了贡献，尽管不是像他预想的那样。

迪佩尔曾在莱顿大学学习医学。1711 年毕业后，他在阿姆斯特丹附近建了一家诊所。但就在三年后，他因涉嫌参与一系列政治阴谋而被关押在丹麦的博尔霍尔姆岛上。他的余生都在瑞典和德国北部度过。他受雇于维特根斯坦-古佐公爵，并在公爵的城堡里开拓了一间实验室。1734 年 4 月 25 日，在他预言自己还将再活 74 年的几个月之后，他被发现已经死亡，享年 60 岁。有些朋友声称他中毒了，也许是被那些想窃取炼金术秘密的人故意毒死的，或是因为他的实验而意外死亡。但事实上，他可能死于中风。

哥特式的弗兰肯斯坦城堡遗迹是个颇受欢迎的旅游景点。一个常驻炼金术士在人类尸体上进行恐怖实验的故事，对提升它的吸引力只会带来好处。这似乎是《弗兰肯斯坦》最明显的灵感来源，尽管玛丽曾在城堡方圆 10 英里内旅行，还在附近的美因茨和曼海姆停留了几个小时，但并没有其他证据表明她曾经亲自到访过城堡。

不过，如果她曾在船上与当地人或同伴交谈，就很可能听过关于城堡及其邪恶住客的故事。但玛丽在她的日记或任何其他写作中都没有提到这一点。她可能读过迪佩尔和他的实验，但并没有留下明确的线索。迪佩尔、弗兰肯斯坦城堡和小说《弗兰肯斯坦》之间的相似之处太多了，以至于许多人认为这次访问**应该**发生，即便它从未发生过。

雪莱一行继续他们的旅程，最终几乎身无分文地到达荷兰。从那里他们回到英国。然而，当他们抵达时，并没有足够的资金支付车费。车夫被迫跟随他们穿过伦敦，后者寻找银行家和朋友，借现金来支付债务。最后，雪莱从被他抛弃的妻子那儿乞求到这笔钱。为此，玛丽和克莱尔在哈丽特家外的一辆马车里等了几个小时。这是个糟糕的开始，预示了玛丽和雪莱未来的生活。

财务上的窘迫仍未结束。蒂莫西·雪莱爵士对儿子的行为非常愤怒，完全切断了对他的资助。蒂莫西爵士不是唯一对雪莱的情人持异议的人。这三个人被他们的朋友和家人疏远了。有传言说，戈德温把玛丽和克莱尔分别以800英镑和700英镑的价格卖给了雪莱（如今这两笔钱分别超过了52000和45500英镑）。戈德温和他的妻子彻底切断了与玛丽和克莱尔的联系：他与玛丽超过两年毫无接触，甚至禁止她们的兄弟姐妹去探视。有时范妮会寄一张纸条，或者年轻的威廉会设法做个简短的拜访，但这些对戈德温都完全保密。

接下来的8个月里，雪莱借了钱，玛丽和克莱尔甚至当掉了雪莱珍贵的显微镜来买食物。这三人曾数次转移住所，有一段时间，雪莱被迫与玛丽和克莱尔分开居住，以躲避债主。他只在星期天回来看望玛丽，只有在这一天他不会被逮捕。

雪莱的前妻哈丽特于1814年11月生下了一个健康的男孩，名叫查尔斯。这加重了玛丽的痛苦，但雪莱很高兴。儿子和继承人的出生意味着更容易得到钱款。他去探望了哈丽特和孩子，然后又回到玛丽身边。

1815年2月22日，玛丽生了一个女儿，早产两个月。主治医生没有指望孩子能活下来，但玛丽悉心照料，医生终于承认可能有希望。这个脆弱的婴儿只有几天大时，雪莱一行又搬家了。玛丽抱着她的新生儿走到他们的新住址。1815年3月6日，玛丽在日记中写道，"发现我的孩子死了"。玛丽自然是遭受了重创，雪莱则似乎没怎么受到影响，仍按计划和克莱尔一起去伦敦一日游。

女儿死后一个星期，玛丽梦见了她："梦见我的小宝宝又复活了，天很冷，我们在壁炉前拍了拍她，她活了下来。醒来，却找不到宝宝……我整天都在想这件小事。精神不好。"

克莱尔的继续存在也加重了玛丽的负面情绪,她想和雪莱独处。她纠缠着,恳求雪莱把克莱尔送走,但由于对斯金纳街的敌意,克莱尔没有地方可去。最后,克莱尔被说服,搬到林茅斯附近的住处。1815年5月,玛丽在她的日记中画了一条线,写道:"从我们的再生,开始一本新的日记。"这本日记后来丢失了。1816年7月,在《弗兰肯斯坦》问世的迪奥达蒂别墅举行的声名狼藉的聚会之后,人们找到了另一本日记。

失踪日记所覆盖的那段时间的情况无从知晓,但人们知道玛丽和雪莱去了英国西南部。有书信显示,这对夫妇住在托基,这是一个海滨度假胜地,当时被称为肺结核的终结地。雪莱经历过身体侧面的疼痛,在他一生的大部分时间,他的肾脏都时不时地会痛,但此时他认为已经痊愈。19世纪初,细菌感染,特别是肺部感染,根本没有任何有效的治疗方法。在了解细菌理论和抗生素之前,所能做的只是减轻病人的痛苦,并试图推迟最坏的情况的发生。人们经常推荐清洁的空气和温暖的气候疗法。在1815年夏天,雪莱接受了威廉·劳伦斯的治疗。

在劳伦斯的照顾下,雪莱写信给朋友说自己感觉很好。医生与雪莱超越了医患关系。比如,雪莱参加了劳伦斯的婚礼。玛丽从小就认识劳伦斯,因为他是戈德温在斯金纳街的访客之一。当时他是新来的医生,也是一名学者,对奴隶的待遇和其他激进政策持有激烈的看法,这可能是他与戈德温一家以及雪莱结交的原因。

作为医生,劳伦斯地位很高。在他后来的职业生涯中,维多利亚女王也是他的病人之一,他还当选过皇家外科医学院的院长。在《弗兰肯斯坦》中,他是一个重要人物,可能对怪物的出现和发展做出了很大的贡献,对此我们还将继续探究。

1815 年，玛丽和雪莱在主教门大街找到了一处房子，靠近他们的朋友托马斯·拉夫·皮科克家，他经常来拜访。这对夫妇一起在这里住了 9 个月（对他们来说创了最长纪录），似乎很满意。那年 9 月初，雪莱、玛丽、皮科克和查尔斯·克莱蒙特在泰晤士河上划船 10 天，来到牛津。雪莱在他曾做过科学实验的学院，向其他人展示了他以前的房间。

　　虽然雪莱因诗歌，以及将科学渗透进诗歌而闻名，可他也写过戏剧和散文。他的大部分论文都是政治性的，但涵盖了广泛的主题，包括生命的本质。也许正是威廉·劳伦斯的影响，促使珀西在他 1815 年的文章《关于未来的国家》中写道："思想是一种特殊的存在，正是受它的影响，也正因它，生命才迸发出活力……让我们忘掉化学家和解剖学家的角度，把人的本质视为一种特别的存在。"

　　同年，劳伦斯被任命为皇家外科医学院外科教授。接受任命后的职责之一，就是要做一系列的讲座，他选在 1816 年 3 月开讲。虽然与玛丽住在主教门街，但雪莱经常去伦敦出差，因此有机会亲自去听讲座，尽管他私下里也可能会与劳伦斯讨论相关主题。这些讲座通常只有形式上的意义，用以向同事和前辈表示感谢，并回顾他们的和被任命者的工作。然而劳伦斯采取了一种有争议的策略，并对他的导师约翰·阿伯奈西发起了攻击，后者是一位非常有影响力的外科医生和解剖学家。随之而起的争论被称为"活力论辩论"，集中在生命的本质和生命力上。

　　劳伦斯的论点是，生命起源于有机体的复杂性，而阿伯奈西则主张导师约翰·亨特给出的解释，我们将在后面的章节再做详细探讨。亨特认为，需要某种物质才能使有机体获得生命，但关于这种物质的性质发生了激烈的争论。它可能是一种带电的流体，或其他一些太微妙的物质，无法被独立或量化。许多人认为，这种微妙的流体等同于灵魂的物理表现。劳伦斯认为，无论这种重要的流体可能多么微妙，它都应该能够渗透到其他物质中，而不仅仅是动物纤维；如果是这样的话，我们应该能够使用它来激活其他物质。人们的日常经历似乎都表明这种情况没有发生，除了在弗兰肯斯坦这种虚构的生物故事里。因此，劳伦斯质疑生命流体的存在。

关于生命本质的辩论并不局限于伦敦的演讲厅和雪莱在主教门街的家。它在整个欧洲的科学界，在富人的沙龙和时尚界中，都得到了广泛的讨论。雪莱一家的优势是与在这一问题上具有前沿知识的人有着密切联系，因此很可能对这一主题了解得特别多。

与玛丽分开住了大约 9 个月后，1816 年初，克莱尔·克莱蒙特又搬到这对夫妇在主教门街的房子里。或许厌倦了玛丽浪漫又离经叛道的生活的阴翳，克莱尔决定开始自己的冒险。她把目光投向拜伦勋爵，并利用雪莱经常去伦敦与拜伦一起旅行的机会，向这位伟大的诗人毛遂自荐。

当时拜伦正处于名望的顶峰，与妻女分居，独自生活在伦敦。克莱尔与诗人建立了通信。通过无尽的奉承、风趣的话锋，并吹嘘自己是威廉·戈德温的继女，还跟诗人雪莱生活在一起，等等，她成功获得了拜伦的注意。有段时间他们成了情人。克莱尔期望这段关系能够长久维持，但拜伦对此并不感兴趣。

拜伦的婚姻情况、夫妻分居和流言蜚语令他在英国生活得并不开心，分居文件一签署，他就打包离开英国。克莱尔决心跟着他。雪莱也决定离开英国。他的健康状况，新诗《阿拉斯特》出版后评论界的沉默，以及持续的经济问题，可能都是相关因素。玛丽和雪莱把目光投向了意大利，但克莱尔成功说服雪莱和玛丽改变了旅行计划，以配合拜伦勋爵。

不到两年前，这三人曾有过类似的欧洲之旅，但这次新人加入了。1816 年 1 月，玛丽第二次分娩，生下威廉（昵称威尔莫兹），以玛丽父亲的名字命名，试图以此与父亲和解（未能成功）。夫妇两人十分溺爱这个男孩。1816 年 5 月 2 日，雪莱一行离开英国前往日内瓦，成就了历史上最著名的文学聚会。

雪莱一家和拜伦对欧洲旅行的态度截然不同。玛丽、雪莱、克莱尔和威廉宝宝是个小型家庭，他们想尽可能便捷、便宜地在法国旅行。而拜伦的旅行风格十分浮华，他效仿拿破仑，希望把人们都从家里吸引出来，瞠目结舌地看着他的私人马车，马车上还装饰着他的家族徽章。后面跟着一列小马车，载着他的衣服、书籍、晚餐和随从。

拜伦在他平日随从队伍的陪伴下出发了，不过随员里多了一位约翰·威廉·波利多里（John William Polidori），他是一位有文学抱负的年轻医生。波利多里出生在一个有着文学传统的受人尊敬的家庭。他的父亲盖塔诺·波利多里曾担任维托里奥·阿尔菲埃里的秘书，阿尔菲埃里是一位剧作家和诗人，被认为是意大利悲剧的奠基人。约翰·波利多里是才华横溢的医生，他在爱丁堡受教育，19 岁就成了大学里最年轻的医生，加入拜伦一行时才 20 岁。他曾写过关于梦游的博士论文，也写过小说。与公认的那个时代最伟大诗人之一拜伦一起旅行，对这个年轻人来说是天赐良机。

不幸的是，波利多里自命不凡，还试图与拜伦和雪莱在文学天赋上一较高下，结果是惨败而归。他们等待从多佛起航的时候，波利多里向拜伦和他的朋友约翰·坎·霍布豪斯朗读了自己最近写的一部悲剧。这部剧作让波利多里饱受拜伦的恶意讽刺和嘲弄。他后来被解雇了，拜伦再也受不了他，但承认他是一名优秀的医生，在医学领域将有大好的前途。

被拜伦解雇后，波利多里漂泊不定。最后他到了英国，赌债累累。1821年8月21日，他喝下氰化物自杀，尸体在他父亲的房子里被发现。但这都是后话了。在1816年的夏天，波利多里与他那个时代最著名的诗人进行了一次令人兴奋的冒险，很快还将遇上更多的文学天才。

拜伦不知道，他的出版商约翰·默里已经给波利多里支付了500英镑（如今价值约4万英镑），以记录这次旅行，并在之后出版。正是通过波利多里的日记、雪莱给《弗兰肯斯坦》写的序言和玛丽后来在她的1831年版小说导言中的回忆，我们重建了日内瓦湖和迪奥达蒂别墅的关键一周。

玛丽对这些事情的描述不同于波利多里。当玛丽写导言时，雪莱、波利多里和拜伦都已经去世了。克莱尔本来就不想参与任何涉及迪奥达蒂别墅的事情，她的存在被巧妙地最弱化了。因此，玛丽可以自由地将事件浪漫化。或者，她可能只是扭曲了事件的顺序。

玛丽、雪莱和克莱尔都在写日记，拜伦也一直在写日记，但在1816年这个关键的夏天，只有波利多里的日记保存了下来。围绕这个同盟，各种流言四起，甚至有人称其为"乱伦同盟"，这可能促使他们毁掉了自己的日记，试图给整个事件蒙上面纱，尽管流言蜚语几乎肯定比实际发生的要夸张得多。

事实上，波利多里的日记直到近一个世纪后的1911年才出版，当时他的侄子威廉·迈克尔·罗塞蒂偶然发现了自己母亲拥有的日记。他的母亲玛丽亚·弗朗西斯卡·罗塞蒂转录了日记，篡改了最具讽刺性和她认为"不恰当"的所有内容，然后烧掉了原件。幸运的是，罗塞蒂已读过原件，并能回忆起一些被改掉的细节。

在 1816 年 5 月 25 日的日内瓦塞切隆·德·安格特雷酒店，拜伦派头十足地到达时，所有人很快就知道了。特别是克莱尔，她一直在焦急地等待着。虽然雪莱一行在拜伦之后才离开英国，但他们的路线更直接，拜伦隆重登场前 10 天，他们就在旅馆安顿下来了。

雪莱和拜伦于 5 月 27 日在酒店的码头上第一次见面。雪莱刚从湖上划船回来。虽然拜伦对克莱尔很了解，而且在伦敦时可能就已通过克莱尔的介绍认识了玛丽，但这是两位诗人第一次见面。他们一见如故，同天晚上还与玛丽、克莱尔和波利多里一起吃了饭。波利多里对雪莱的第一印象是："《麦布女王》的作者珀西·雪莱来了；害羞、害羞、太害羞了；和妻子分居，与戈德温的两个女儿在一起，实践他的理论。"雪莱当时 23 岁，虽然还没有患肺结核，但是已有些症状。波利多里也有这样的印象：玛丽和雪莱结婚了（玛丽对外自称雪莱夫人），但克莱尔和玛丽"分享"了雪莱。他还发觉克莱尔是拜伦的情妇。几天后，他对局势有了更深的了解，也许拜伦已经纠正他了。

在两拨人会面的几天内，他们在一起的时间越来越多，还在湖边找到两间彼此靠近的房子。玛丽和雪莱对拜伦可能有点敬畏，拜伦和雪莱虽然有着相似的贵族背景，但兴趣不同，不过这只会激发更为广泛的话题，令彼此陪伴的夜晚更有趣。

雪莱租了一座小别墅，叫夏皮斯。拜伦还住在塞切隆酒店，晚上会划船穿过湖面去拜访他们。6 月 10 日，拜伦搬进了规模更大的迪奥达蒂别墅，从夏皮斯别墅过来只需要步行 10 分钟穿过葡萄园。克莱尔充分利用与拜伦住得近的机会，经常偷偷溜到迪奥达蒂。拜伦无可奈何，只能与她恢复关系。

拜伦作息不同寻常，大约中午起床，骑很久的马，然后写作或娱乐。玛丽、雪莱和克莱尔适应了拜伦的时间表。他们会更早起床，但像往常一样先读书和学习，晚些时候再去拜伦那儿打发时间。

关于这两家人，以及他们花了多久时间待在一起的流言，很快在当地传播开来。一个旅馆老板在湖边买了望远镜，把它放在酒店的阳台上，游客可以借以一窥迪奥达蒂别墅的情况。有一天，床单和枕套挂在迪奥达蒂别墅的阳台上，引发了一场轰动，人们传说这是年轻女士的衬裙，他们通过望远镜看到了。拜伦和雪莱尽可能深居简出，很少去参加社交聚会，更喜欢互相陪伴。

在雪莱和拜伦去世后，玛丽回想这段经历时，认为这是她一生中最幸福的时光之一，"我们常常坐在一起聊天直到天亮。从来不会缺少话题，无论是严肃的还是有关同性恋的，我们总是兴致盎然"。玛丽和克莱尔会参加雪莱和拜伦的讨论，即使她们并非里面特别活跃的人。波利多里也会参加这些深夜聚会。这样的场景可能唤起了姐妹俩对小时候的回忆：坐在戈德温的书房里，聆听机智的对答此起彼伏。

谈话的主题转向科学并不令人惊讶。这是当时流行的话题，而迪奥达蒂别墅里的人都消息灵通。波利多里是刚毕业的医学生，他满怀热情地想给这个他身处其中的、令人肃然起敬的团体留下深刻印象。他也被玛丽迷住了，愿意用一切机会展示自己。雪莱对科学长期保持兴趣，有些人可能会说是痴迷其中。即便是拜伦也对科学有浓厚的兴趣，并与他的朋友约翰·皮戈特（一名医学学生）讨论着科学新闻和发现。拜伦和皮戈特会调笑他们在伊拉斯谟斯·达尔文的《植物园》里读到的植物性生活。拜伦在信件里也偶尔会谈及科学方面的问题。

这些深夜的讨论在《弗兰肯斯坦》的孕育过程中非常重要，值得研究。关于6月事件的信息很少，主要的来源是玛丽15年后写下的导言，这意味着我们很难拼凑出事件的确切顺序。波利多里在

6月15日的日记中提到了他自己和雪莱关于"本质——人类是否仅仅被视为一种工具"的对话。这可能是玛丽后来在她的1831年版导言中归之于拜伦和雪莱的那段对话。

> 拜伦勋爵和雪莱的谈话时间很长,我是个忠实但几乎沉默的倾听者。有一次,他们讨论了各种哲学理论,讨论了生命的本质,以及它是否有可能被发现和传达。也许一具尸体会复活,伽瓦尼电流给了这些东西复活的象征:也许一个生物的组成部分会被制造出来,聚在一起,并被赋予至关重要的温度。

科学讨论可能持续了数个夜晚。导言和序言中还引用了其他科学观点,可以假定它们都是迪奥达蒂别墅晚间谈话的主题。

雪莱在1817年写的小说序言中,只有一处提到科学问题:"这部小说所依据的,是达尔文博士和德国一些生理学作家提出的设想,并非不可能发生。""德国的生理学作家"指的是约翰·威廉·里特、克里斯多夫·海因里希·普法夫和亚历山大·冯·洪堡,他们都是电力学及其对人类影响的热情实验者。

里特和18世纪晚期的许多自然哲学家一样,对青蛙和他自己进行了电效应试验,这可能是他年纪轻轻身体就不太好的原因——他33岁就去世了。正是里特首次解释了由化学反应引起的流电的影响,而不是伽瓦尼(Luigi Galvani)的"动物电"论或亚历山德罗·伏打的金属"发电"理论。这两种不同的观点发展成了"伏打争论"。关于伏打的发明、伏打电堆实际上是如何工作的,都将在之后的章节中探讨。里特的解释最接近对电流产生原因的认识。

普法夫是德裔丹麦籍的医生、化学家和物理学家,在德语科学界，他是电力现象的著名专家，也是伏打电堆的头号倡导者。他是伽瓦尼电流和伏打电的权威，并在"伏打争论"中支持金属电理论。

亚历山大·冯·洪堡是一位不屈不挠的探险家、实验者、收藏家和自然哲学家。对如此广泛的课题的不懈热情，让他的视野异常广阔，横跨整个自然世界。在河流、洋流、动物甚至在月球上，都有以他的名字命名的部分。在许多方面，他是启蒙哲学家的缩影，通过讲座和著作分享他的知识和激情。

受到伽瓦尼在动物电研究方面的启发，洪堡对青蛙和他自己进行了4000多次电力实验，这无疑损害了他的健康。他利用在南美洲旅行的机会捕捉和解剖电鳗。马被推入水池，触发鳗鱼的攻击，以此耗尽它们的电量，以便安全地捕获它们。虽然过程中有几匹马死了，但鳗鱼的电能仍然异常充足，被解剖时还对洪堡和他的同伴艾梅·邦普朗形成强大的冲击。两人在不幸的动物身上进行了所能设想到的每一种电力实验，这让他们自己也精疲力竭。

《弗兰肯斯坦》的导言和序言中唯一提及的自然哲学家达尔文博士，此前已在讲到拜伦时提到。伊拉斯谟斯·达尔文博士，查尔斯·达尔文的祖父，医生、诗人和发明家。他在迪奥达蒂团体中是非常有影响力的人物。1731年，他出生于达尔文－韦奇伍德家族，是伯明翰农历协会的创始人之一。他也是本杰明·富兰克林终生的朋友，两人有着长年的书信往来。他在斯塔福德郡的林奇菲尔德住了很多年，在那里他有着成功的医学实践，发展出早期的进化论，还写了一些饱含科学灵感的诗歌。此后的生活中，他对女性受教育的重要性形成了坚定的想法，并帮助女性建立起两所学校。这样的人会对威廉·戈德温感兴趣并不令人惊讶，当戈德温在达尔文家附近旅行时，两人曾见过一面。

达尔文发表了许多从植物学到女性教育主题的作品，但他的诗歌作品《植物园》和《自然圣殿》吸引了更广泛的受众。这些诗歌采用了科学的主题，并附有长篇的散文笔记，解释这首诗的科学背景。这种形式对浪漫主义运动有很大的影响，雪莱在他自己的几部作品中也做了同样的设计。

达尔文的诗歌里多次提到电，笔记中也包含了关于发电鱼类、伏打电堆和其他电力设备的细节，以及当时关于电本质的理论。诗歌还讨论了电流激活神经的可能性。除了诗歌中的科学背景，他还写了一些散文作品，包括医学著作《动物法则》，其中包含一篇关于发生（generation）、不同物种的联系和对进化理论的推测的作品。伊拉斯谟斯·达尔文的进化论思想将由他的孙子查尔斯更充分地发展，但伊拉斯谟斯的贡献值得关注，它早于最著名的早期进化理论家之一——让-巴蒂斯特·拉马克的研究。

玛丽当然熟悉伊拉斯谟斯·达尔文及其作品。尽管她的阅读清单中没有达尔文，但这份列表并不完整。拜伦和雪莱都读过《植物园》，在玛丽 1831 年版的序言中，她提过一个具体的实验，这表明她非常熟悉他的作品。玛丽提到这个实验也表明，自然发生论是迪奥达蒂别墅谈话的主题。

几千年来，自然发生论和生殖繁衍一直是热门话题。侏儒（矮小的、完全成形的人类）或其他动物，可能会"长成"一个普通成人的故事，起源于古希腊人。他们试图以此解释蛆、苍蝇和跳蚤的凭空出现，对于这些生物的产生，"父母"似乎是不必要的。

亚里士多德提出一种理论，即一些生物可以从非生物中产生，因为无生命物质含有"普纽玛"（pneuma）或"活力热"（一个术语，与生命的火花含义相近）。亚里士多德的说法流传了近两千年，直到被路易斯·巴斯德在 19 世纪开展的实验否定。自然发生论不仅仅是一个有关生态位的科学理论，也不仅仅由希腊学者所推崇（玛丽非常熟悉希腊语，雪莱阅读了亚里士多德的几部作品，尽管可能不是他的《动物志》）。炼金术士也认为侏儒、没有灵魂的人是由精子生成的，缺乏女性参与，通常从土里长出来。

另一个自然发生论的例子来自白颊黑雁，在迁徙论出现前，它被当成处女生育的象征。这些鸟似乎是从无名的地方出现的，从没有人在欧洲看到过它们筑巢。无父母生物的想法，甚至在文艺复兴时期传播到流行文化中——莎士比亚在《安东尼与克利奥佩特拉》中也提到自然发生论，称蛇和鳄鱼在尼罗河的淤泥中生成。而蜜蜂自然地从死狮的头上产生的提法，最早出现在《圣经》中，在英国被用来宣传糖浆。玛丽可能还有另一个自然发生论的信息来源——安德鲁·克罗斯（Andrew Crosse）。

安德鲁·克罗斯在萨默塞特的菲恩法院供职，人们认为玛丽和雪莱可能于 1815 年在西部逗留时拜访过他。遗憾的是，这正是玛丽的日记缺失的阶段，所以这次访问无从确定。有关他们会面的任何信息都是间接的。

克罗斯 12 岁时参加了一系列科学讲座，其中包括电现象，他对这门新科学深深着迷。他在学校继续电学学习，6 年级时自己制作了莱顿瓶。后来，他还在家中做了一个伏打电堆。21 岁时父母去世，他继承了家族遗产，便放弃了法学课业回到家里，一心投入电学和矿物学研究中。

他在花园和房间里建造了巨大的电器。一系列连接在树木上的电线和长钉复杂地排列起来，以吸引和传导大气中的电，并向一排排相互连接的伏打电堆、蓄电池或莱顿瓶注入电流。雪莱对这种装置很有兴趣，因为他预测在今后，闪电将被应用于实际生活。虽然克罗斯不经常出门和科学界的人混在一起，但他的家向任何对科学感兴趣的人开放，他会热情地带着任何主动登门的人参观自己的实验室，并解释正在进行的实验。

克罗斯用莱顿瓶储存电能，直到他需要之时。不过，他的主要实验是利用伏打电堆将电输送到装有各种岩石、盐和其他化学物质的水里。他的目的是，研究洞穴与岩石中的晶体和矿物质由电现象产生的可能性。令他惊讶的是，在一组实验中，他不仅注意到晶体的形成，更注意到在某些托盘中，电解后出现了微小生物。似乎他用电创造了生命。

这些生物——像腿上长着刚毛的昆虫——在接下来的几周里继续繁殖，克罗斯在一篇提交给伦敦电力学会的论文中热切地发表了这一成果。当地一家报纸也做了报道，称这种生物为"克罗斯螨虫"，尽管克罗斯称它们为"电螨"。克罗斯的发现引起了轰动。一些科学家否认他的发现，另一些人则试图重新复制这一发现，其中的一些人显然取得了成功。然而，当时的舆论压力使其他人害怕发表自己的结果来支持克罗斯。

非常遗憾，被克罗斯认为是自己创造出来的生物，很可能是由于奶酪或尘螨污染了设备。对《弗兰肯斯坦》来说遗憾的是，克罗斯在自然发生论方面的实验是 1836 年进行的，在小说出版近二十年之后。

关于自然发生论，无论玛丽在迪奥达蒂别墅参与了怎样的讨论，当她让维克多·弗兰肯斯坦创造他的怪物时，她都认可了这样的想法，并将其推向极致。

❧ ❧

1816 年夏天的天气也对迪奥达蒂别墅产生了很大影响。前一个冬天很糟糕，而恶劣的天气一直持续到夏天。玛丽把它描述为"一个潮湿、反常的夏天，雨下个不停"。拜伦在给朋友的信中提到迷雾、尘霾、雨和"无尽的压抑"。在 6 月中旬，迪奥达蒂别墅亮起火光。6 月 16 日，即波利多里和雪莱交流"本质"的第二天晚上，大雨倾盆，雪莱等人甚至无法走路 10 分钟回到夏皮斯别墅，只好留在迪奥达蒂别墅过夜。

这种恶劣天气源于一次火山爆发，尽管当时人们并不知情。1815 年 4 月，印度尼西亚的坦博拉火山爆发。这是有历史记录以来最猛烈的一次火山爆发，对当地造成了毁灭性的影响，大约有 1 万人直接死于火山碎屑流（最近的研究表明，死亡人数要远超于这个数字），而更多的人死于之后几个月乃至几年的饥荒和疫病。

这次火山爆发的规模之大，甚至产生了全球性的影响。大量的火山灰和碎片冲入大气层，形成了一个高达 43 千米的喷发柱。较大的碎片持续下落了数周，而较细的碎屑在空气中停留了几个月，并扩散到全球，形成了 1815 年 9 月壮观的日落，远在伦敦都能看到，在 J. M. W. 透纳的一些杰出画作中也有记录。这团尘埃和火山灰的长期影响与一段太阳辐射异常低的时期相吻合，当时的全球气温下降了 0.4 到 0.7 度。这看起来可能微不足道，但影响是毁灭性的。1816 年夏天被称为"无夏之夏"，在德国这一年被称为"乞丐之年"，在美国则"有 1800 人被冻死了"。1816 年 6 月 4 日，在新罕布什尔州，人们观察到了霜冻。6 月 5 日，纽约州的奥尔巴尼下起了雪。在欧洲，由于庄稼被连绵不断的雨水冲走，收成惨淡。德国因缺乏粮食发生了骚乱，威尔士农民长途跋涉乞讨食物。在地中海区域，暴发了斑疹伤寒。印度季风的中断导致三季农作物歉收，孟加拉爆发了霍乱疫情。当年的报道描述的可怕场景，就像但丁的《地狱》一样恐怖。那些早上醒来身体还很健康的人，下午就突然死去。尸体在恒河三角洲的河岸上堆积如山。

想了解当年那场浩劫的恐怖与骤然而至的情况，可以读读玛丽·雪莱发表于 1826 年的《最后一个人》（*The Last Man*），这是第一部关于世界末日的小说。这部小说讲述一种神秘的疾病消灭了人类，只留下一群流浪在欧洲的幸存者，试图寻找一个安全的避风港。玛丽从来自雪莱的表兄托马斯·梅德温的第一手信息中得知了印度的灾难。霍乱爆发时，梅德温正在印度的军队服役。直到在孟买的一家商店里发现了一本诗集，他才对自己的表弟有了全新的认识。

就像来自坦博拉的火山云造成了全球影响一样，霍乱的影响也波及了全世界。霍乱从印度蔓延开来，逐渐传播到爪哇和坦博拉，在 1819—1820 年间造成了 12.5 万人死亡，比最初因火山爆发死去的人还要多。到 1830 年，霍乱疫情已转移到欧洲。在巴黎，化装舞会上的盛装小丑会突然发病倒地。当时的情形就是如此可怖。受害者被匆忙埋在坑里，仍然穿着他们死时的衣服。霍乱于 1832 年蔓延到英国，而伦敦疫情的爆发，夺走了玛丽的同父异母兄弟威廉·戈德温的生命。

瑞士是雪莱一家的住地，也是受火山爆发影响最严重的欧洲国家之一。在 1816 年农业歉收之后，1817 年和 1818 年的死亡人数都超过了出生人数。依靠从俄罗斯运来的粮食才防止了大规模饥荒。俄国相对而言没有受到坦博拉火山灰云的太多影响。雪莱一家并不曾缺少粮食，但在日记中，玛丽和雪莱记录了在日内瓦旅行时遇到的营养不良儿童的景象。瘦小、憔悴、脖子异常肥大的孩子闷闷不乐地玩耍。这对夫妇被他们看到的场景所震撼，甚至想收养其中一个孩子。

迪奥达蒂别墅里的人们，依仗自己的财富与地位，并未受到粮食短缺的影响，只是因恶劣的天气而情绪抑郁。晚上，壮观的闪电风暴撞击着周围山脉的峰坡。某一时刻，话题发生了变化——从科学到更恐怖的东西。雪莱在一封信中提到，波利多里讲了个故事，吓得他血都凉了。这个故事的细节没有留下来，但波利多里医学生的经历有着丰富的可能性，他的文学倾向也可能促使其编织出绝妙的故事。他们在迪奥达蒂别墅里还找到了一部德国灵异故事书的法文译本《死神预言》，这是一部包括历史、幽灵、鬼怪、复仇者、幻影等的文集。他们大声朗读这本书来解闷。之后，在 6 月 16 日或 17 日，拜伦提出，"我们各自来写一个灵异故事"。

# 第四章　萌发

弗兰肯斯坦来了。

——玛丽·雪莱《日记》

　　每个在迪奥达蒂别墅的人都热情地接受了写一篇灵异故事的挑战。接下来，每晚都在持续的潮湿天气和恐怖故事，激发了作家们的想象力。波利多里在 6 月 17 日的日记中写道："灵异故事是由除了我以外的所有人开始的。"但是在已开篇的五个故事中，只有两个故事最终完成。令人惊讶的是，对此贡献最大的并非当时已成名的作家拜伦或雪莱。拜伦为缓解夏天无聊的痛苦而发起的这个简单轻松的挑战，产生了哥特式和恐怖小说中两个最著名的人物:《弗兰肯斯坦》中的怪物和吸血鬼。

　　小组成员每晚都聚在迪奥达蒂别墅。写作比赛开始后的几天，6 月 18 日，超自然的主题仍在继续。拜伦向聚会的人大声朗读柯勒律治的《克里斯塔贝尔》（*Christabel*）——一首未完成的诗，有着强烈的超自然恐怖主题。雪莱一度惊叫起来，跑出房间。波利多里追上去让他冷静下来。雪莱对这首诗的反应令拜伦惊讶，"他毫无胆量"，因为雪莱一直喜欢深夜的灵异故事。在玛丽上床睡觉后，他和克莱尔经常熬夜，用灵异故事吓唬对方，直到克莱尔魂飞魄散，睡不着觉。玛丽是三人中最沉着可靠的人，通常是她去让克莱尔恢复平静。

在1831年版《弗兰肯斯坦》的导言中，玛丽提到，写作灵感并非出现在挑战开始后的几天。一天晚上，也许是朗读《克里斯塔贝尔》的那天晚上，玛丽做了个可怕的梦："我看到一个苍白的学生，跪在他发明的不受欢迎的艺术品旁边。我看到一个人的可怕幻影伸展出来。然后，在某种强大动力下，幻影展示出生命的迹象，并以一种不安的、半生命化的形式震颤起来。"也许《克里斯塔贝尔》对她的影响比她愿意承认的要深。她在梦中所经历的恐惧，正是她试图为她的故事捕捉的那种感觉。于是，她立即开始记录并延伸她的梦境。

柯勒律治引用了一个类似的幻梦作为他的诗《忽必烈汗》（*Kubla Khan*）的起源。霍勒斯·沃波尔还曾声称《奥特兰托城堡》（*The Castle of Otranto*）——第一部很有影响力的哥特式小说——因梦而生。玛丽不愿把自己与柯勒律治或沃波尔相提并论，也不愿让自己听起来好像在试图模仿他们；在1818年第一次发表《弗兰肯斯坦》时，她也没有提到那个梦。她写1831年版的导言时，也许想为她的伟大作品确立一个浪漫的灵感来源，而非迪奥达蒂别墅的深夜讨论和那些可怕的故事。也许这的确是事实。

不论在日内瓦湖边的几个晚上发生了什么，结果是引人注目而又出人意料的。玛丽的故事是唯一完整的小说，一个在之后两个世纪里幸存并茁壮成长的故事。而拜伦最初的想法无论受到多么热情的追捧，很快就消失了。

没人提到克莱尔的故事，它是关于什么，又进展如何。已功成名就的作家雪莱和拜伦也开始写故事，但都没有完成。雪莱的故事显然源自他的童年经历，但没能流传下来。拜伦的故事片段被加入他自己的长诗《马泽帕》（*Mazepps*），于1819年发表。玛丽提到"可怜的波利多里"写了关于一位骷髅头女士的故事，他可能是从这个想法起笔的，但没能完成。然而，与玛丽在导言中的说法相异，波利多里捡起了拜伦放弃的故事，把它改编为一个短篇小说。

波利多里对拜伦故事的二度创作被取名为《吸血鬼》（*The Vampyre*），在拜伦和波利多里都不知情的情况下，于1819年发表在《新月刊》上。这个关于贵族吸血鬼——鲁斯文勋爵的戏仿版哥特式故事，被认为是第一篇现代吸血鬼灵异小说，引领了相关的文学亚体裁，并在七十八年后《德古拉》（*Dracula*）发表时达到高潮。《吸血鬼》发表之初的署名为拜伦本人，但他否认了著作权，其激烈程度与波利多里听说它出版时一样。

可能《弗兰肯斯坦》的核心灵感源自玛丽的一场梦，但人能够创造生命的想法并非原创。除了她在导言中承认的18世纪现代科学关于电疗法和自然发生论的观点之外，玛丽还有许多童年的神话和故事可以借鉴。戈德温在孩子的教育中非常重视古希腊和罗马的经典。雪莱和拜伦在学校里也饱读古典作品。

《弗兰肯斯坦》的副标题"现代普罗米修斯"显示了玛丽如何从古典神话和民间传说中获取了灵感。普罗米修斯神话可能是她小时候听过的，也可能来自戈德温自己的作品《万神殿——希腊和罗马神话》。

普罗米修斯神话有两个版本。一个是普罗米修斯从诸神那里窃取知识，另一个是他用黏土造出了人，并偷走生命之火，给予黏土人生命。在这两个版本的故事中，盗窃知识或火种是对神的僭越。

普罗米修斯此前已经惹得宙斯不快，这是导致惩罚的最后一根稻草。他受到的惩罚是被铁链拴在岩石上，一只秃鹫啄食他的肝脏，肝脏长回后再吃掉，日日重复，直到永远。

这与《弗兰肯斯坦》的相似之处显而易见：一个人因为胆敢违抗神并创造生命，而遭受永久的折磨。

在《万神殿》中，戈德温提到，在普罗米修斯受到惩罚之前，朱庇特（在罗马神话中相当于希腊神宙斯）试图设下一个甜蜜的陷阱。他命令火神用黏土创造一种雌性生物。朱庇特赋予她女性生命，其他神赋予了她各种天赋，给了她所有最好的品质，使她成为最具魅力的迷人女子。由于她的种种禀赋，这个雌性生物被命名为潘多拉[1]。朱庇特给了她一个密封的盒子，只能由她丈夫打开。潘多拉最初被派到普罗米修斯那儿，但他看穿了朱庇特的阴谋，拒绝了她。之后她被带到普罗米修斯的兄弟埃皮米修斯身边，他爱上她并娶了她。当他打开盒子，世上所有的灾难都被放了出去，盒子里只留下了希望。

浪漫主义作家都很喜欢普罗米修斯的传说。玛丽不是唯一从中汲取灵感的人。玛丽的母亲玛丽·沃斯通克拉夫特认为，普罗米修斯的传说是革命妇女寻求摆脱贵族和宗教权威的重要激励。拜伦于1816年7月发表了他的诗歌《普罗米修斯》，雪莱则在1820年出版的史诗抒情戏剧《不受约束的普罗米修斯》中写下他自己对普罗米修斯神话的解释。所有人都对神话有自己的解释，许多人将其用作政治和社会隐喻。

古希腊人关于从黏土中创造人类的神话，在世界上并非独一无二的。人类和其他生物由黏土创造，或是由非生物物质创造而来的

---

1　在希腊语中意为"众神的礼物"。译者注。

故事，在世界各地的许多文化中都有流传。在印度教传统中，象头神格涅沙（Ganesha）是从泥土中被创造出来的。中文语境里也有用黏土创造人类的传说，埃及和印加神话亦如是。玛丽挖到了丰富的文化内涵，她的故事由此才在全世界引起共鸣。

犹太人的"傀儡"故事与《弗兰肯斯坦》的主题相似度也很高。玛丽可能对此很熟悉，并以它们为灵感。"傀儡"戈莱姆是个由拉比塑造的黏土人，为保护家族和造福乡里而生。然而，每一天戈莱姆都在不断成长，变得越来越难以掌握，直至最终失控。

这个故事有数个版本，或者说，犹太历史上曾数次创造过傀儡。其中最著名的是 16 世纪的"布拉格的傀儡"。拉比鲁·本·贝扎勒用黏土塑造了它。故事的一个版本是，通过特殊的咒语与祈祷，并在其额头上写下"埃梅特"（希伯来语的"真理"）一词，傀儡活了过来。强大而沉默的戈莱姆为保护布拉格的犹太人聚居区而生，但他很快就失控了，威胁到犹太人的生命和家园。

❧ ❧

玛丽自然有大量的原材料可用以搭建故事框架，但在瑞士期间，她仍不断地将自己的经历、思考与阅读融入其中。

在 14 个月的间隙（丢失日记的时间范围）后，玛丽的日记从 1816 年 7 月 21 日开始继续，距离拜伦发起挑战将近一个月。在 7 月 24 日，她提到"写我的故事"。当时，玛丽、雪莱和克莱尔住在法国阿尔卑斯山的夏蒙尼（Chamonix），如果天气允许，他们就参观冰川和当地的旅游景点。她和雪莱写下了对壮观的风景如山脉、冰川和雪崩的印象，在日记里做了详尽的记录。这里的景色显然给玛丽留下了深刻的印象，特别是勃朗峰斜坡上的蒙坦威冰川（现在被称为梅尔德格拉斯冰川）。正是在这里，在冰冻、脆弱的冰川上，她要在维克多·弗兰肯斯坦和他的创造物之间设定戏剧性的冲突。

8月21日，玛丽在日记中写道，"雪莱和我讨论了我的故事"。雪莱鼓励她把故事发展成一部长篇小说。也许他们还讨论了一些情节和其他细节。关于雪莱对小说的最终参与程度，自小说出版以来的两个世纪里一直有着激烈的争论，但并无任何确切的结论。这对夫妇讨论这项工作是很自然的，雪莱是广受认可的作家，并接受过更正规的科学教育，几乎可以肯定的是，雪莱在讨论中贡献了一些新想法。但玛丽在之后的岁月里始终坚称这个故事是她的，是她独立创作的。雪莱对于最终作品的成型与对玛丽的引导，究竟起了多大的作用，我们将在之后继续讨论。

玛丽在整个8月继续写作。

哥特式的故事风格在1816年已经被诸如马修·格雷戈里·刘易斯（Matthew Gregory Lewis）的《僧侣》（*The Monk*）和安·拉德克利夫（Ann Radcliffe）等人的小说确立，玛丽读过其中的多部。刘易斯8月中旬在迪奥达蒂别墅待了几天，和雪莱、拜伦一起分享灵异故事。这些故事给雪莱留下了深刻的印象，他几乎逐字记录在他和玛丽分享的日记里。

甚至连玛丽的父亲威廉·戈德温也出版过哥特式的虚构作品，如《圣莱昂》（*St. Leon*），里面涉及炼金术和长生药的秘密，对《弗兰肯斯坦》也有着明显的影响。雪莱第二次尝试写哥特式小说是在少年时期，作品叫《圣欧文》（*St. Irvyne*），故事是关于一个庞大而可怕的家伙，知晓了长生不死的秘密。然而，这些都是虚构类作品，通过超自然或魔法想象来推进情节。玛丽的故事的不寻常之处在于，尽管在迪奥达蒂别墅里讲过所有令人毛骨悚然的故事，尽管她喜欢阅读哥特式小说，以及面对的是写"灵异故事"的挑战，但她所创作的绝不是超自然的或幽灵的故事。正如雪莱在小说序言中所写的那样：“故事的趣味所依靠的情节与鬼怪或邪术没有丝毫关系。”正是这一事实使它有别于当时其他的哥特式恐怖故事，也使它理所当然地成为一部科幻作品。它也使人怀疑《幻想》和《克里斯塔贝尔》的灵感来源，两者都非常依赖超自然场景。

《弗兰肯斯坦》作为一种全新的、迥异的东西脱颖而出，因为它融入了当代科学的进步。一个由解剖室和墓地中死尸的残余集合而复生的生物，是更可怖的，因为它有可能真的会发生。迪奥达蒂别墅的科学讨论似乎给玛丽的"故事"留下了更大的影响。超自然的传说可能更多地促成了令人毛骨悚然的气氛，让玛丽想象一个由尸体制造并复活的生物的恐怖。

迪奥达蒂别墅是座奇妙的宝藏，玛丽可以挖掘和询问任何问题，她可能已经有了制作和复活维克多的创造物的想法。波利多里可以回答任何关于获取、解剖和重组人体部位的问题。雪莱是关于电学实验和化学的可靠信息来源。不过，当迪奥达蒂别墅小组在夏末分开、雪莱一行回到英国后，玛丽仍在继续自己的研究。

夏天的某个时候，克莱尔透露她怀孕了。拜伦希望孩子由第三方抚养，但经过与雪莱的谈判，最终商定抚养孩子的将是父母中的一方：克莱尔和拜伦不可能结为夫妇并共同抚养孩子。1816 年 8 月 28 日，玛丽开始收拾查普伊斯住处（Maison Chappuis）的行李，这队人马准备经过巴黎回到英国。1816 年 9 月 10 日以前，他们在巴斯安顿下来，以便远离伦敦以及戈德温的家，这样他们可以将克莱尔怀孕之事保密。玛丽和雪莱，连同他们的小儿子威廉，与克莱尔不住在一起，克莱尔被安置在一个很近的地方，化名克莱蒙特夫人，声称她的丈夫正在欧洲大陆旅行。

巴斯为雪莱一家提供了大量的娱乐活动。这是一座繁荣的城市，有剧院、公共讲座和其他社交活动，但雪莱大多时候都深居简出。玛丽跟一位老师学习绘画，并去文学和哲学协会参加科学讲座，不过大部分时间还是在写作。1816 年秋天，玛丽可能专注于写《弗兰肯斯坦》第一卷，确立了维克多·弗兰肯斯坦的成长环境，他的早期教育和他的大学时光。

暴风雨的天气，迪奥达蒂别墅的谈话主题，以及玛丽的梦，暗示了她的故事开始于"一个沉闷的 11 月之夜"，当时维克多迈出了赋予其创造物生命的重要一步。在小说中，这一刻直到第四章才出现。

1816 年 10 月和 11 月，玛丽阅读汉弗莱·戴维爵士的《化学》作为背景研究。玛丽在她的日记中提到的《化学》指的是戴维 1812 年出版的《化学哲学原理》，或他在英国皇家研究院的第一次讲座的早期出版物。两者都包含了从炼金术到当今成就的化学历史概述。无论玛丽正在读的是哪一部作品，它都可能激发了小说中对维克多·弗兰肯斯坦在因戈尔施塔特大学所做讲座的激发（见第六章）。

玛丽的故事在整个秋天进展得都很顺利，从 10 月中旬到 11 月几乎每天都在写作。在 12 月 4 日至 5 日写给雪莱的一封信中，玛丽写道："我基本写完了《弗兰肯斯坦》的第四章，这一章很长，但我想你会喜欢它的。"——这是维克多发现发生与生命之奥秘的一章。

玛丽写作时的情绪压力很大。克莱尔虽单独居住，却依然是她生活的一个烦恼之源。玛丽的父亲仍拒绝与她沟通，但继续缠着雪莱要钱；事情只会更糟。

10 月 9 日，一封悲伤的信从玛丽同母异父的姐姐范妮·伊姆雷那儿寄到玛丽的住处。范妮是戈德温家庭的长女，但在斯金纳街，她过得很孤独，因为那里没有她的亲生父母。她安静、聪明，常常扮演试图安抚他人的角色。她总能让浑水恢复平静，最终自己却成了所有人笑话的对象。她的才能在其他任何场合都会发光，但与玛丽相比毫无疑问是黯淡的。她平静的天性和冷静的行为似乎掩盖了真正痛苦的悲剧。1816 年 10 月 9 日，范妮去了布里斯托尔，写了一封令人心碎的信，据说玛丽同一天晚上就收到了。

雪莱被读到的东西吓到了，急忙赶到布里斯托尔，但为时已晚。范妮去了斯旺西的麦克沃思·阿姆斯旅馆，10 月 10 日被发现死于过量服用鸦片剂。她留下了一张纸条，祝福每个认识她的人都能"忘掉这个人曾经的存在"。

戈德温也曾赶范妮走，但在当地报纸上读到她去世的消息时，他回心转意了。范妮的身份是通过玛丽和雪莱在意大利买的项链和她胸衣上的姓名首字母确认的。由于害怕这会给已然丑闻缠绕的家庭带来耻辱，戈德温坚持掩盖自杀的事实。范妮被埋在斯旺西一处穷人的墓地，家人都不在场。玛丽非常伤心。朋友和亲戚被告知范妮去了爱尔兰，在那里死于发烧。

范妮自杀两个月后，雪莱分居的妻子哈丽特的尸体在蛇形河中被发现，死时已经怀孕了。出于对哈丽特的尊重，或是显而易见的尴尬，玛丽和雪莱从来没有透露或与任何人提到过这件事。不幸的是，他们的行为虽是出于好意，却令雪莱背上了逼妻子自杀的指控，而玛丽和雪莱都难以纠正或自我辩解。

当时，雪莱正向法院申请他与哈丽特的两个孩子的监护权。在 18、19 世纪的英国，父亲在这种情况下享有完全监护权是很自然的，因为妻子和孩子几乎被视为丈夫的财产。不寻常的是，这个案子拖了很久，雪莱很难打赢。他宣称的无神论和政治激进主义对他不利。他和玛丽的私奔对事情当然更无助益。

为了增加获胜的可能，同时修复戈德温和他女儿之间的裂痕，雪莱和玛丽不得不于 1816 年 12 月 30 日成婚。戈德温夫妇出席了婚礼，克莱尔因为即将生产，留在了巴斯。婚礼结束了父女间的怨恨，戈德温开始向朋友们吹嘘，玛丽与一位富有的男爵继承人缔结良缘。

　　新婚夫妇回到巴斯，几乎没有告诉任何人有关婚礼的事。在玛丽看来，这事微不足道，甚至在日记中都写错了婚礼的日期。多年后，很多见到这对夫妇的人仍然认为他们是未婚的，因而对他们的关系避而不谈。

❦ ❦

　　玛丽几乎每天都在写作，只在克莱尔生下女儿阿尔巴（以拜伦的绰号阿尔贝取名，但之后应拜伦的要求，改名为阿莱格拉）时中断过，那是 1817 年 1 月 12 日。玛丽在日记中记录了"四天的懒散"，对克莱尔的女儿却只字不提。通过在巴斯、伦敦和马洛之间一系列复杂的行程安排，克莱尔女儿的存在成功地没被戈德温夫妇知道，毕竟后者自己也有一大群孩子要照顾。阿尔巴在家里被解释为一个朋友的女儿。1817 年 2 月至 3 月间，雪莱夫妇在马洛的阿尔比昂庄园住下来，克莱尔和阿尔巴也搬了进去。

　　在马洛逗留期间，玛丽和雪莱都成果丰硕。在这里，雪莱写下了诗作《阿拉斯托尔》（*Alastor*）。这首诗与《弗兰肯斯坦》有些相似之处，主人公睡在藏尸地和棺材里，寻找终极问题的答案，就像维克多·弗兰肯斯坦在因戈尔施塔特学习时所做的那样。《弗兰肯斯坦》中一些极具特色的主题，无疑是在 1817 年春天玛丽忙于完成故事时讨论过的。

　　到了 4 月，玛丽已经写完了《弗兰肯斯坦》，正在修订完善。雪莱在此时深入参与了玛丽的小说，这一点从草稿的章节，以及博德利（Bodleian）图书馆保存的小说转录副本中得到了证明。手稿中，玛丽和雪莱都写下了大量的批注，正是从这些稿件里，人们推断出雪莱参与的程度。在草稿中，如今小说约一半的篇幅以及另外的大约 1000 字由雪莱写成。原稿的最后 13 页也完全出自他之手。

雪莱对《弗兰肯斯坦》的贡献，有人说他是"小合作者"（詹姆斯·雷格语），也有说他是"一位好编辑"（伦纳德·沃尔夫语）。雪莱在草稿中进行了许多内容的澄清、纠正，提供了玛丽所写内容的科学背景。其他修订是创造性的补充或改善"粗糙的文风，这在一个非常年轻的作家的写作中必然会出现"。

玛丽并没有全盘接受雪莱的修改，雪莱对《弗兰肯斯坦》的贡献也遭受了质疑（见安妮·K. 梅勒的传记）。现代读者可能会欣赏直截了当的描述，并能够在书中发现雪莱那更华丽的描写，因为它偏离了叙事。无论雪莱写下了什么，他可能对小说的风格做了重大贡献，而故事的主题和内容都是属于玛丽自己的。

在匆忙中，小说最终修订完成，足以交给潜在的出版商了。1817 年 5 月 14 日，星期三，玛丽在日记中写道，"写序言——结束"。

❧

那个月晚些时候，玛丽和雪莱去了伦敦，部分是为了把玛丽的手稿送给拜伦的出版商约翰·默里。默里对这部小说评价很好，但拒绝出版，正如玛丽所预料的那样。毕竟它并不符合默里的出版风格。他们接触了其他出版商，遭到了更多的拒绝，其中一个是通过信件回绝的。但最终，《弗兰肯斯坦，或现代普罗米修斯》在莱克顿（Lackington, Hughes, Harding, Maror & Jones.）找到了归属。他们选择了莱克顿。莱克顿专门出版耸人听闻的小说，特别是那些关于亡灵、有神秘性质的小说。虽然小说在 8 月就被接收，但谈判到 9 月仍在持续。雪莱为妻子争取到了好的签约条件，比以往任何时候都好。

清样直接交给了雪莱，玛丽全权授予他做任何他认为必要的修订。可能玛丽经过一段时间紧张的转抄和校正，已经精疲力竭了。9月2日，就在她20岁生日刚过不久，她生下第三个孩子，女儿克拉拉·埃维丽娜。雪莱在伦敦继续与莱克顿开展谈判时，她正在为新生儿忙碌。雪莱可能真的接受了妻子的委托，也可能是在没有询问玛丽的情况下就修改了文稿。

1817年12月31日，又有新消息传来。玛丽在日记中写道："弗兰肯斯坦来了。"题献给威廉·戈德温的《弗兰肯斯坦》已印刷了500本，预备于1818年3月匿名出版。

第二部分

创造

# 第五章　教育

在对我的教育中，父亲尽了一切努力，以免我的头脑被超自然的恐怖所吸引。

——玛丽·雪莱《弗兰肯斯坦》

幻梦催生出玛丽的《弗兰肯斯坦》。在丈夫的鼓励下，她把短篇小说扩展成长篇。怪物诞生的一刻被移到第四章，前面的三章形成了一个相当广阔的故事背景，用以说明维克多·弗兰肯斯坦何以走上致其死亡的黑暗道路。

这部小说由罗伯特·沃尔顿船长的叙述构成。这是一位冒险家，带领一支科学探险队前往北极。与维克多对自己的研究一心一意的态度相似，沃尔顿对科学的兴趣发展成痴迷，不仅危及自己，也拖累了整支团队。

在小说的最初几页里，我们头一次见到那个生物。远处的一个巨大身影。一个黑暗的轮廓出现在茫茫冰原中。虚弱疲惫的维克多被人发现并带到沃尔顿的船上。恢复期间，他告诉沃尔顿，自己是如何来到北极的。

沃尔顿的科考航行一路向北，反映出启蒙时代对探险的兴趣。此前一个世纪，世界的广袤正在被探索，地图被逐步清晰绘制，但仍有许多地方尚待发现。还没有人到过北极。[1] 当人们缺乏关于北极的信息时，各种猜想层出不穷。一种猜想认为，北极是个被海洋包围的冰冻岛屿，许多人出发去寻找一条海上路线，即西北通道，期待缩短这一大岛与美洲、俄罗斯及其他地区的贸易路线。另一些人则认为，北极本身是片开阔的海域，周围是一堵圆形的冰墙。有些人希望北极是动植物新物种的宝库，甚至富含包括黄金在内的各类贵金属的岩石和矿石。然而，更多的人对磁场的来源感到好奇，并开始探索究竟是什么令所有罗盘都指向相同的方向。

地球本身就是个巨大的未知之谜，许多人推测它实际上可能是中空的，可以通过极点进入地球内部。在《弗兰肯斯坦》出版几十年后，地球空心论将在儒勒·凡尔纳 1864 年的小说《地心历险记》中再次出现。而地球是个固体这个事实，由亨利·卡文迪许在 1797 年至 1798 年间进行的实验证明，就在《弗兰肯斯坦》设定的背景时间的几年后。

然而，很少有人认真地计划去北极，即便像皇家学会[2]这样受人尊敬的组织提议并规划过，仍然很少有人认真地尝试去北极。这是一项风险巨大的事业，大多数船员对捕鲸更感兴趣，那是当时可靠的收入来源。据称，韦尔先生和威尔逊船长率领的一艘捕鲸船曾在北纬 82 度的地方追逐一群鲸鱼，当发现大海完全没有结冰，他们考虑进一步向北推进时，船员们拒绝了，因为担心船会

---

1　1926 年，罗尔德·阿蒙森的团队第一次乘坐飞机飞越北极上空。第一批前往北极的人是 1948 年由亚历山大·库兹涅佐夫率领的苏联科考队。

2　皇家学会（Royal Society），全称"伦敦皇家自然知识促进学会"，成立于 1660 年，是英国资助科学发展的组织。译者注。

被撞成碎片。

某些科学考察可能是从玛丽十几岁时居住的邓迪出发的，尽管从邓迪码头出发的船大多只是向北去捕猎鲸鱼。不过，她在苏格兰居住期间，依然获得了有关北极景观和环境条件的丰富信息。

沃尔顿的探险队启程去寻找世界之极的神秘土地。"雪和霜已被赶走，我们在平静的海上航行，有可能被吹送到某个地区去，那里的美景和奇迹超过了地球上任何有人居住的地区。"他还提到要寻找磁场的来源。玛丽对沃尔顿的人物塑造，反映出当时关于北极的更具普遍性的科考兴趣与猜测。

沃尔顿满怀信心地出发了，但当北极探险的现实到来时，情况不同了。周围是风暴、浓雾以及慢慢侵蚀船体的巨大冰块。雾气散去时，船员们发现远处一条雪橇上有个巨大的身影。第二天，维克多被带上船，两天后才恢复过来，终于有气力讲出自己的故事。

维克多·弗兰肯斯坦已经成为几乎所有后世文本里疯狂或邪恶科学家的原型。许多人对维克多的印象源自玛丽小说改编的电影或戏剧作品，或源自对弗兰肯斯坦式科学家的解读。可能在你的观念里，一个歇斯底里、痴狂的科学家与邪恶的野心家是非常不同的角色。玛丽·雪莱在1816年创造的这个角色，他探索科学的努力当然是深入甚至痴迷的，但她并没有表现维克多·弗兰肯斯坦的疯狂。维克多进行这一工作可能是受了误导，缺乏远见，但玛丽从来没有展现出他有恶意。弗兰肯斯坦也并不是有关科学谬误的好例子。维克多的实验让一具无生命的尸体成功复活，而他并不能预见自己的行为将毁灭自己。

玛丽经常把她虚构的人物建立在自己熟人的基础上。拜伦和珀西·比希·雪莱类型的人经常出现在她的小说和短篇作品中，特别鲜明的例子是她 1826 年的小说《最后一个人》。有几个人可能是维克多·弗兰肯斯坦复杂性格的来源，但最明显的来源是她的丈夫。雪莱的早期生活和兴趣很可能是维克多故事的模板。甚至维克多这个名字也是雪莱在 1810 年出版他的第一部诗集《维克多和卡齐尔诗集》（*Original Poetry：by Victor and Cazire*）时使用的笔名。

雪莱出生在英格兰苏塞克斯郡的一个富裕家庭。他在玛丽小说中虚构的对应人物维克多也出生在富裕之家，只不过在瑞士的日内瓦。玛丽也给予笔下的人物与丈夫类似的教育背景；维克多去上学，但警觉地追求独立的个人兴趣。维克多早期痴迷于探索隐藏的自然规律，这也可能来自雪莱早年对科学的兴趣。《弗兰肯斯坦》的 1818 年版而非修订的 1831 年版，包含了更多关于维克多所受早期科学教育的信息，尽管后者是目前的通行本。

除了学校通常提供的科学教育外，玛丽还记述年轻的维克多在朋友家目睹了惊人的科学实验。玛丽对这些实验本身的细节描写不多，但包括了当时流行的、常在欧洲各地的家庭和沙龙中反复进行的实验。这些也许取材于丈夫对科学实验的热情，他在牛津时就展露了这一点。小说中提到的关于空气瓶的实验是个经典例子，约瑟夫·莱特（Joseph Wright of Derby）在 1768 年的绘画中将它永久定格下来，这幅画如今保存在伦敦国家美术馆里。画面中，一群人围着装有一只鸟的玻璃容器，当里面的空气被吸走时，鸟明显遭受了致命打击。[1] 实验清楚地证明，空气中存在着一些对生命至关重要的成分。

其他被列为维克多早期科学教育的一部分的实验包括"蒸馏和蒸发的奇妙效果"。玛丽没有详细地描述维克多所受的教育，仅含

---

1　在这幅画的角落里，有一个人被认为是伊拉斯谟斯·达尔文。

一位自然哲学家通过从装有白色凤头鹦鹉的烧瓶中抽出空气来演示真空的形成,窗边的人可能是年轻时的伊拉斯谟斯·达尔文。《气泵里的鸟实验》,网线铜版画,1768年,约瑟夫·莱特绘。藏于维尔康姆图书馆。

糊其词地进行描述。维克多需要参加一系列科学讲座,这也许就像玛丽住在巴斯时参加的那些讲座。也许是为了确保维克多在小说的这个阶段依然保持对科学的无知,或者为了避免对讲座做详细描述,玛丽制造了一个事故,阻止维克多参加讲座,直到讲座几乎结束。小说里提到了一些化学名称,如钾、硼、硫酸盐和氧(氧化物),但这些词汇并未将她的人物与化学联系起来。相反,她让维克多沉迷于炼金术。

早年对炼金术和炼金术士的兴趣,是雪莱和虚构的维克多之间的另一相似之处。通过发现科尼利乌斯·阿格里帕(Cornelius Agrippa)的一本书,玛丽让维克多对炼金术产生了兴趣。阿格里帕是一位真实存在的炼金术士,我们稍后还会提到他。维克多的父亲对阿格里帕的评价很低，称其为"可悲的废物"，这反而让维克多对炼金术的兴趣提升了。按玛丽所描述的，与炼金术士的奇妙力量和许诺相比，学校里教授的科学显得枯燥乏味、令人不快。很快，她的主人公开始如饥似渴地吸收他在阿格里帕和其他人身上能找到的一切。玛丽提到当时维克多受到的最重要影响，不仅来自阿格里帕，还包括大阿尔伯特和帕拉塞尔苏斯的作品——这与年轻雪莱的阅读书目类似。重要的是，在小说中，维克多指出，他在朋友家目睹的实验，显然是他最近心仪作家的作品里没有出现过的。

雪莱应该是有关炼金术士和炼金术的绝佳信息和灵感来源。当他还是个孩子的时候，他对四个妹妹说，家里的阁楼上住着炼金术士。"我们'终有一天'会去见他。但现在还是等等。为了让这位科尼利乌斯·阿格里帕住得更好，我们还得准备在果园里挖个洞穴。"雪莱的一个妹妹多年后如此回忆道。据他的大学朋友托马斯·杰斐逊·霍格说，雪莱把零用钱花在一本集合了巫术、化学、镀锌和魔法的书上。他会熬夜观察鬼魂，并试图进入当地教区教堂的金库，在那里待上一整晚。在学校里，他会背诵咒语，做电力实验，一直把他的科学兴趣和神秘学的阅读结合起来，试图了解魔鬼。

与雪莱不同的是，维克多在成长期间，似乎只对炼金术感兴趣，他对现代科学的兴趣后来才出现。维克多对炼金术的兴趣在他的科学探索过程中具有重要意义，值得仔细探究。

玛丽可能是通过雪莱分享他早期对炼金术和炼金术士的热情知晓了一些情况，也可能是从父亲那里了解到关于炼金术和炼金术士的知识。1799年，戈德温出版了一部虚构的故事《圣莱昂》，讲述一个知晓炼金术秘密的人，如何生产黄金和长生之药。这些秘密为他带来巨大的财富和永恒的生命，也带来了痛苦。他被迫离开家人，与世隔绝。这部小说与《弗兰肯斯坦》有些相似之处。

1834 年（《弗兰肯斯坦》出版 16 年后），戈德温出版了一部非虚构作品《巫师的生活》，但他对这一主题的热情显然可以追溯到更早的时候。戈德温这部较晚出版的作品的完整标题，反映了18、19 世纪对炼金术的态度："巫师的生活，或数世纪最著名的人物考，这些人物自称或被认为能够施行魔法"。其中包括历史上几乎每个重要人物，从梅林到理查德三世，以及匪夷所思的其他许多人。但这本书确实也提到了科尼利乌斯·阿格里帕、大阿尔伯特和帕拉塞尔苏斯，这三个真实的人曾激发玛丽创造出维克多·弗兰肯斯坦。

在 18 世纪，人们对炼金术和炼金术士的态度发生了重大转变。启蒙时代的科学进步揭示了一个以可理解、可定义和可量化现象为基础的理性宇宙。宇宙不是神秘的所在或充满奇思妙想，而更多地被以机械化的方式看待。那些召唤恶魔来帮助揭示真理，或试图将普通金属转化为黄金的人被启蒙哲学家所耻笑，被指责在误导他人，甚至是犯罪或背叛上帝。黄金就是黄金，不能从其他金属转化而来；甚至人类的灵魂也可能像电一样，是一种有形的、可测量的物质。18 世纪的人们对炼金术士的这种态度一直延续到今天，但它对炼金术历史的评价并不公正。这些古老的研究为现代科学做出了巨大贡献。

人们对炼金术士的普遍看法是，那是一些耽于妄想、痴迷的怪人，在谁也不知道煮着什么玩意儿、咕嘟作响的坩埚前弯下腰，指望通过神秘的咒语、无名的材料，也许还有魔鬼本人的帮助，把普通金属变成黄金。许多炼金术士追求的最宝贵的东西，是传说中有识之士都想拥有的东西——点金石。这块石头不仅能点石成金，还包治百病，能让人长命百岁，甚至千岁。从这个意义上说，点金石与炼金术的另一个目标即制造长生不老药合而为一。在1831年版的小说中，这个终极目标是年轻的维克多·弗兰肯斯坦特别感兴趣的。但这些药往往意在延长生命或治愈疾病，而不是创造生命。戈德温在他的《巫师的生活》中就声称，长生不老药可以无限延长生命。

炼金术有着悠久的历史，是现代化学的前身。它起源于古埃及的制造技术。公元3世纪的帕皮里（Papyri）描述了与黄金、银、宝石和纺织染料有关的制作工艺过程，这些技术也许可以追溯到更早。它们称得上是描述清晰的技术文本，现代学者借此可以复制这些过程。在早期的文本中，这些技术与制造仿金银效果的东西有关。还有一些方法详细说明了如何确定金属的成分和纯度。显然，当时的人弄懂了用真金与其他金属制造东西的区别。于是，将一种金属变成另一种金属的目标出现了。

一些作品的书名也具有误导性。例如，名为《物理和神秘事物》的作品其实应该被翻译为《自然和秘密事物》。使用"秘密"更有可能是指需要保护物质转化中的秘密，而不是超自然或灵性的"神秘"影响。

公元300年左右，第一次出现了希望**制造**金银，或转变金属的说法。来自帕诺波利斯的佐西莫斯（Zosimos of Panopolis）的手稿，详细介绍了研究金属和其他物质性质所必需的仪器和设备。佐西莫斯认为金属有两种特性，坚实的本体和多变的灵魂。正是这两种特性赋予了金属以颜色和其他特点。基于这一逻辑，本体可以与灵魂分离，也可以据此将另一种金属转变为具有黄金外观和性质的东西，这并非毫无道理。例如，硫磺水（溶解在水中的硫化氢）可以用来将银的表面染成黄色，使其看起来像金子。也许为了自我保护，佐西莫斯的作品使用了晦涩的语言，旨在掩盖其发现的真实意图，这一语言特色被延续下来，成为炼金术写作的惯例。

炼金术的第二大推动者是阿拉伯学者和实验者。正是从那时起出现了 alchemy（炼金术）这个词。al 为阿拉伯语的定冠词。"化学"（chemy）一词的起源有各种理论，一种说法是来自科普特语的 kheme 一词，意思是"黑色"，指埃及尼罗河黑色的淤泥。另一种说法认为起源于希腊语中的 cheō 一词，意为"熔化或熔断"，特指金属。这两个词源可能都是真的，由此"化学"这个词获得了双重含义。

这一时期最著名的炼金术实验者是贾比尔（Jābir）。传说他出生于 8 世纪，但对他作品的现代分析表明，他的写作更具 9 世纪阿拉伯学者的风格。由于炼金术写作的神秘性，以及故意为之的暗语，其著作的大部分内容是贾比尔的生活，与炼金术截然无关。贾比尔记录了关于设备、材料和实用技术的详细信息，而他对炼金术的主要贡献是硫汞论。贾比尔认为，所有的金属都来自汞和硫的组合，在地下以不同的比例和纯度凝结形成不同的金属。

金银被视为贵金属，是汞和硫的完美组合。其他已知的金属——铁、铜、铅、锡和汞等，被认为是贱金属，因为它们看起来不那么吸引人，而且容易受到腐蚀或玷污，这是它们不完美的证据。这些金属本身并不被视为元素，而是更简单且基本的材料。不过，硫汞理论的起源可以更进一步追溯到亚里士多德及其关于构成所有物质的四个元素——火、风、土和水的理论。

物质的四要素理论与健康的四要素理论是平行的，尽管这两种理论在当时并没有明确的关联。健康四要素认为，健康的人拥有平衡的四种体液：黑胆汁、黄胆汁、血液和黏液。

希腊—埃及炼金术士用 xērion 这个词来描述他们用来转化金属的粉末。这个词有医学起源，指的是一种可以治愈伤口的物质。

贾比尔将 xērion 翻译成阿拉伯语的 al-iksīr，意思是长生不老药，用来指具有显著愈合功能的物质。如果这些物质能治愈人类，也许它们也能治愈不完美的金属，制造金银。

长生不老药一词的使用，形成了炼金术与药物的联系。越来越多的炼金术士花时间研究可能具有疗效的化合物。随着时间的推移，这发展为能够将寿命延长到远超人类预期的奇想。

在一千多年的时间里，阿拉伯人对科学和哲学的贡献是巨大的。物理学、天文学、数学和化学取得了重大进展。技术、仪器和设备变得更加先进，学者们试图了解宇宙及其所包含的一切是如何运作的。他们关于物质和人类疾病性质的想法有根本性的缺陷，但在转化金属和治疗疾病方面的实验又是完全合理的，并且符合他们当时的认知。相比之下，当时欧洲的科学远远落后。

炼金术于 1144 年 2 月 11 日来到拉丁美洲，那是一个星期五。我们如今得知，住在西班牙的罗伯特·切斯特（Robert of Chester），从阿拉伯语翻译了《炼金术之构成》（*On the Composition of Alchemy*）。当欧洲基督徒在 13 世纪与穆斯林学者建立起更频繁的接触，前者获得了丰富的科学知识，其中一些来自穆斯林学者的研究，还有一些来自古希腊文本。阿拉伯学者将希腊文本保存下来并翻译成阿拉伯语，然后重新输入欧洲。在欧洲，古希腊哲学家的大部分成果都已失传，只有只言片语幸存下来。

欧洲的哲学家们很快就掌握了炼金术，在未来的 600 年里，它将以各种形式蓬勃发展。中世纪早期时，欧洲人遵循了阿拉伯人在炼金术方面的兴趣传统，但又将其扩展到一系列其他追求中，主要是将贱金属转化为黄金，但这绝不是中世纪炼金术士唯一感兴趣的事情。

炼金术士在这时介入了广泛的科学研究，包括医学、物质的性质与嬗变。这些做法和我们今天所说的"科学"几乎没有区别。不管用什么方法，整个宇宙都可以被研究。尽管有江湖骗子存在，但我们如今认为是骗术的炼金术实验，当时往往是由极受尊敬的探索者和研究者进行的，并且确实推进了科学进步，虽然研究是基于有缺陷的理论。

16世纪和17世纪被认为是炼金术的黄金时代，罗伯特·波义耳和艾萨克·牛顿等人花了大量时间收集炼金术作品，重复实验并进行自己的研究。牛顿把更多的时间用在炼金术上，而非重力或光学。罗伯特·波义耳被称为第一位化学家和最后一位炼金术士。炼金术和"化学"的区别[1]开始出现，尽管这些词在一段时间内依然互相通用。

到了18世纪，分歧已经扩大，炼金术和化学之间的区别日益清晰。18世纪的学者和作家将炼金术士归为神秘主义者，他们抬高灵性和恶魔的力量，以帮助自己完成神奇的工作。炼金术被贬为过时的思想，化学则是一门现代而理性的科学。随着科学的进步，自然现象可以越来越多地用明确的科学理论来解释，而不靠灵性的推演；炼金术和炼金术士开始遭到嘲笑。

1834年，当戈德温出版《巫师的生活》时，关注的重点在于那些参与魔法的人。这本书并不认为炼金术是对物质性质的认真研究。正是这种对炼金术和炼金术士的态度，形成了玛丽写作《弗兰肯斯坦》的背景。它提供了维克多·弗兰肯斯坦早期对神秘科学的兴趣，与他之后对科学的严肃研究之间形成了鲜明对比。

通过维克多·弗兰肯斯坦的化学导师瓦尔德曼之口，玛丽将人们对化学的新旧观念作了对比：

---

1　"化学"一词的较早拼写法即 chymistry，是许多科学史学家用来区分化学实验和炼金术的方式，但它绝不是指现代化学。它突显的是从古代到现代化学认识的过渡时期。

这门科学的古代教师宣称无所不能，但什么也没做成。而现代大师很少许诺，他们知道金属不能转化，长生不老药是妄想。但这些哲学家，他们的手似乎只是轻轻掠过污秽，他们钻研的目光深入显微镜或坩埚，确实创造了奇迹。他们深入大自然的深处，揭示自然是如何在暗处运转的。他们升上了天堂；他们发现了血液是如何循环的，以及我们呼吸的空气的性质。他们获得了新的几乎无限的力量；他们可以指挥天堂的雷声，模仿地震，甚至用无形世界自身的影子来嘲笑它。

✦ ✦

玛丽选择的三名炼金术士——大阿尔伯特、科尼利乌斯·阿格里帕和帕拉塞尔苏斯——在19世纪早期炼金术史的地位特别突出。而这三位历史人物证明了，所谓的炼金术士，涉猎于广阔的哲学领域。有趣的是，这三个人都不自称炼金术士，都对那些试图将贱金属变成黄金的人不屑一顾。

有助于塑造出维克多的第一个炼金术士是大阿尔伯特（Albertus Magnus），13世纪的多明我会修士、主教、神学家和哲学家。1941年，他成为自然哲学家的守护圣徒。因为渊博的知识，他被称为"大师"和"全能博士"。他的作品涉猎广泛，包括对福音书、植物学、矿物和亚里士多德作品的评论，但有些关于炼金术的作品可能被错误地归于他。

他深度参与了实验科学，以至于一些同时代人指责他忽视了精神研究。他关于自然哲学的知识是全面的，虽然写了关于炼金术的文章，但这是神学论点的一部分；他否定了魔法，尽管如此，这并不能阻止关于他掌握了某些神秘知识的谣言。他死后，有人声称他做出了点金石，并把它留给了学生托马斯·阿奎那。考虑到他对这些事情的反感，以及托马斯·阿奎那早于导师六年就去世的事实，这个传言似乎不太可能是真的。

当时，许多炼金术文本是用一种旨在隐藏知识的语言编写的，或者只有具备充分的炼金术知识的人才能读懂。因此，许多人在大阿尔伯特的著作中附会了一些根本不存在的东西。另一些人，比如赛格瑞塔·阿尔伯蒂（Secreta Alberti）和艾克斯派诺门塔·阿尔伯蒂（Experimenta Alberti），为了让自己作品的理论更具可信度以及提高销量，假借了大阿尔伯特之名出版。

从维克多·弗兰肯斯坦的角度来看，大阿尔伯特用黄铜造出一个人这个传说最为有趣。这个故事与以黏土塑人的故事，以及玛丽·雪莱的《弗兰肯斯坦》有些相似之处。据戈德温的《巫师的生活》记载，传说中，大阿尔伯特花三十年时间造出了一个机械人。完成后的机械人能有问必答，被大阿尔伯特用来在他的家里做家务。后来，大阿尔伯特的学生阿奎那被机械人终日不停的唠叨惹怒了，就用锤子把它打得粉碎。在《巫师的生活》中威廉·戈德温还提出，有些传说认为机械人由肉和骨头组成，但这在他看来似乎不太可能。

机械人的故事并不是大阿尔伯特独有的。类似的机械人故事，还出现在 16 世纪出生的英国自然哲学家弗朗西斯·培根和代达罗斯（即希腊神话中的代达罗斯，传说他创造了困住牛头怪的迷宫，还给自己和儿子伊卡洛斯用蜡和羽毛做了翅膀）身上。据说，代达罗斯还有一些栩栩如生的雕像作品，至于它们究竟是某种真的机械人，还是只是一个充满智慧的幻想，争议很多。

维克多的炼金术英雄谱中的第二个，是科尼利乌斯·阿格里帕，在科学或任何可能与制造人类、机械或其他相关的东西方面，他的帮助要小得多。他的全名叫海因里希·科尼利乌斯·阿格里帕·冯·内特斯海姆，是16世纪的一位博物学者，毕业于科隆大学，曾研究过大阿尔伯特的著作。年轻时，阿格里帕写了三本有关神秘学的著作，正是这些作品让他声名远播。不过，在后来的一个版本中，他收回了早期作品，并声称此前的观点是错误的。

这三本书是关于仪式魔法及其在医学、炼金术和占卜（通过水晶球和镜子等算命）中的应用的哲学讨论。它以命理学、占星学和卡巴拉为来源。虽然这些作品直到阿格里帕晚年才出版，但很早就以手稿形式闻名。尽管当时欧洲发生了巨大的宗教动荡（阿格里帕与伽利略、路德在同一时代），但他似乎未遭迫害。

许多人对阿格里帕的观点印象深刻，要求他为他们占星。他很清楚自己所做的蠢事，并警告资助者不要迷信这些东西。他恳求资助者为自己的实际医学技能，而非经不起推敲的占星术给予资助。他还强烈地反对巫师仪式。阿格里帕在炼金术的实践与转化方面著述较少，而且可能从来没有亲自做过实验。尽管如此，阿格里帕几乎成为18世纪炼金术、炼金术士和神秘学的代名词。

科尼利乌斯·阿格里帕似乎对维克多·弗兰肯斯坦的化学知识，乃至关于死而复生的想法方面，几乎没有实际帮助。阿格里帕写了几篇关于药物的文章，但他的治疗理论是基于命理的。例如，他认为五叶草（可能）可以用来治疗疟疾，因为这种疾病也与数字"5"相关。同样是这种植物，他声称还可用来驱赶恶魔，或作为解毒药。毫无疑问的是，五叶草没有实际用处。然而，阿格里帕正是那种会吸引青年珀西·雪莱的炼金术士，后者陶醉于前者的早期神秘作品中提出的想法。在令读者将维克多与诡异神秘联系起来方面，阿格里帕是个关键角色。

维克多的炼金术英雄谱中的第三人是菲利普·奥雷洛斯·特奥弗拉斯图斯·庞巴斯特斯·冯·霍恩海姆，他喜欢被人称为帕拉塞尔苏斯，意为"超越塞尔苏斯"（塞尔苏斯是罗马医学的主导人物）。帕拉塞尔苏斯是德裔瑞士哲学家，他提出了一种新的医学和毒物学理论。他也是阿格里帕的同代人，但否定了后者的魔法理论。帕拉塞尔苏斯接受了父亲的科学教育，后者是一名化学家和医生。同时他也有其他导师。他在巴塞尔大学学习医学，并获得了费雷拉大学的博士学位，但他的观点并不总与所受的教育一致。他一生中的大部分时间都在欧洲各地的城镇游荡，向"老妇、吉卜赛人、巫师、游牧部落、老强盗"学习。

从名字可以看出，帕拉塞尔苏斯相当傲慢，还有着众所周知的臭脾气。他是个好斗的人，激怒了许多同时代的医生。他会爆出辱骂性的话语，高呼未经检验的理论，并且绝不跟重头衔轻实践的人来往。当同事们都用拉丁语讲课时，他用德语讲课，这样更多的人可以来听他的课。他公开烧毁了当时的阿维森纳和伽林有关人体解剖和医学的著作，主张借鉴实践经验，要研究眼前的病人，而不要抽象的历史书本。

帕拉塞尔苏斯受到中世纪炼金术的影响，因为他提倡硫、汞、盐的三重体系理论。他认为是这三种毒药导致了人类疾病。**三重奏**（tria prima）也构成了人类的特性：硫是灵魂，盐是身体，汞是精神（思想、想象和更高的精神功能）。他发展了关于消化的生物化学理论，并使用化学中的类比向他的学生传授医学，尽管在学生中并不太受欢迎。

帕拉塞尔苏斯试图建造一种完全基于化学过程的世界观（尽管他的化学与现代科学有很大的不同）。一切都是由于化学：从地下矿物的形成，到体内的消化和排泄等过程。他的整体方法与前人的都不同。他率先使用化学物质和矿物作为药物，虽然他提倡的许多化合物被现代科学证明没有医疗作用，但毕竟做出了重大贡献。帕拉塞尔苏斯发现，酒精和麻醉剂的结合能特别有效地缓解疼痛。他的缓解疼痛的化合物组合被称为鸦片酊，几个世纪以来一直作为常用的医疗手段。

虽然他修改了旧的作品，写了关于医疗问题的新作品，但帕拉塞尔苏斯很难找到出版他激进书稿的人。即使大部分作品是在他死后出版的，仍然引起争议，这些书被视为"异端和丑闻"。

帕拉塞尔苏斯有关制造侏儒的理论，玛丽的人物维克多将特别感兴趣。在《事物的本质》一文中，帕拉塞尔苏斯写道，如果将人类的精液密封在一个烧瓶里，在温火中燃烧，就可以产生这样的生物。40天后，烧瓶里的东西将开始移动，并出现一个活生生的有着人类外表的生物。这种生物还得再喂40个星期的特殊人血制剂，方能成长为一个类似人的生物。侏儒看起来像是人类的孩子，但有"伟大的知识和力量"，因为它是"艺术"（人为制造而不是自然产生的）和"纯"男性的产物，而不是被女性部分污染的混合物。帕拉塞尔苏斯对任何想要生产"纯"女性的人都发出了可怕的警告。使用同样的程序，用月经血代替精液，将不会生成一个有着伟大知识和力量的女人，只会出现一个可怕的蛇怪。

正如我们所看到的，帕拉塞尔苏斯并不是第一个提出"人工"（artificial）或自然发生论的人。许多炼金术士对创造生命或复活死者的可能都有兴趣。有些人认为，只有简单的生物才有可能自发生成，而更复杂的生命需要有性生殖。蜜蜂是"已知的"从腐烂的公牛尸体中产生的，老鼠则可以从泥浆中自然生成。有些人进一步推论，植物和小动物不仅可以复活，并且可以以一种新的、更完善的形式复活。例如，将一棵树烧成灰烬，混合一种专门从同一种树中提取的油，将新的混合物再进行燃烧，然后埋在肥沃的土地里，过一段时间，同一物种的树将生长，但将比以前更加"强大和高贵"。类似的方式还可以用来生产更强大的鸟类和小动物。还有一些人提出，将人形物体放在火上慢慢烤，可以生成一个人。

帕拉塞尔苏斯在写作的时候，对有性生殖了解甚少。虽然，很明显男性和女性都是必要的，但两性各自的作用却并不清晰。许多人认为，雄性精子含有一个完整的微型人，准备好成长为一个完整的成年人。有些人甚至声称他们在显微镜的帮助下看到了精子中的微小生物。女性的贡献主要是提供环境和营养，使微型人类得以成长。提取精子并提供一个可供选择的生长环境，只是简单地将当前公认的想法扩展到下一个合乎逻辑的步骤而已。

在帕拉塞尔苏斯写下关于侏儒的理论200年后，伊拉斯谟斯·达尔文发表了关于这个主题的理论，但那时，有关生殖的知识仍发展缓慢。达尔文毫无疑问接受了简单生物（比如霉菌和微生物等）的自然发生论观点，并在《自然圣殿》的笔记中引用了几个例子。另一部先前提到的作品《动物法则》，讨论了人类生殖和男女的作用。达尔文坚持这样的理论：精子包含了一个完整的人的所有部分，但女人是婴儿发育所必需的。玛丽和珀西·雪莱都受到达尔文的深刻影响。

对一个虚构的人物来说，帕拉塞尔苏斯是一个极好的灵感来源。他独立研究，回答诸如生活本质等重大问题。他教会他人怀疑现有的知识，以观察与实验进行探索——这正是维克多上大学后，玛丽让他去做的。尽管帕拉塞尔苏斯在推翻他那个时代的医学理论方面做了很多工作，但在物质和疾病的系统和基本解释以及如何用药物治愈方面从根本上讲是错误的，对他的病人几乎毫无助益。然而，他的激情给他的思维方式带来了许多追随者和模仿者。与帕拉塞尔苏斯及其世界观联系起来，将被视为局外人或反主流——这将吸引像玛丽和珀西·雪莱这样的激进浪漫主义者，并且很符合维克多的人物特点，他所做的正是违背时代科学正统的事情。

在18世纪的人看来，大阿尔伯特、阿格里帕和帕拉塞尔苏斯的作品都被归为神秘科学。在理性时代，炼金术开始走下坡路。黑暗、不可信、无效的炼金术，与开明、理性、强大的科学形成了对比。

并非每个人都相信新科学运动的宣言，有些人仍认为炼金术是一种可行的方法，用来探索看不见的、非同寻常的东西，这是理性时代无法提供的。18世纪晚期的炼金术支持者批评"对理性的偶像崇拜"，以及启蒙运动的其他过激行为。这也是浪漫主义运动的源头之一：反对权威，反抗一个机械、全能、理性的世界。这种哲学观点的冲突在《弗兰肯斯坦》中表现得淋漓尽致。

维克多·弗兰肯斯坦的现实版人物珀西·雪莱，年轻时对神秘科学的痴迷慢慢地被对现代科学的热情取代，他在学校时接触了魅力非凡的科学导师。雪莱在赛昂宫时，受教于亚当·沃克教授，后者是第一批受欢迎的科学讲师之一。正如我们在第二章中所说的，沃克引人注目的演讲风格激发了雪莱毕生对科学和电力的热情。

此后，雪莱在伊顿学习时，他的科学兴趣受到了生命中另一位伟大人物詹姆斯·林德博士（Dr. James Lind）的影响，后者是一位半退休的医生。[1]托马斯·杰斐逊·霍格的传记提到过雪莱对林德博士的好感，"每次提到他，都致以最温柔的尊重"。林德是"众所周知的医学教授"，并与本杰明·富兰克林和詹姆斯·瓦

---

1  不要将他和他著名的也叫詹姆斯·林德的堂兄混淆，后者写了一篇关于坏血病的论文，为英国海军根除这种病症做了很大贡献。

特等人长期通信。他在苏格兰出生和受教育，多年来一直是船上的外科医生。

当雪莱遇到林德时，林德是一个鳏夫，退休后住在温莎的一所全是实验室的房子里，里面装满了望远镜、电池和其他电力设备，证明他对自然哲学的各方面都感兴趣。林德很清楚伽瓦尼在青蛙身上所做的实验，因为他与伦敦的意大利物理学家提贝里奥·卡维洛（Tiberio Cavallo）通信，后者是一部关于电力的著作的作者，也是伽瓦尼著作的拥趸。他还与皇家学会主席约瑟夫·班克斯通信，后者向林德提供青蛙，以便他和卡维洛能对动物体中的电学现象开展研究。他甚至曾在王室面前展示实验。

林德自然对雪莱的作品有影响，雪莱甚至在自己的诗《阿塔纳斯王子》（Prince Athanase）中提到了他。这首诗只留下了片段，但与完整的诗作《阿拉斯特》有关。这两首诗都是 1817 年雪莱在马洛时写的，而他在后来的几年里继续了《阿塔纳斯王子》的创作。

除了对电力的兴趣和对雪莱的影响，林德和弗兰肯斯坦之间还有另一个联系。林德在苏格兰医生、化学家，也是苏格兰启蒙运动的主要人物威廉·卡伦（William Cullen）的指导下学习，后者很受欢迎，对自己的学生产生了巨大的影响。卡伦提出了救助溺水者或其他窒息者的关键方法。这些方法在沃尔顿上尉把维克多瘦弱、神志不清的身体拖到冰船上时，或是让维克多创造的生物产生呼吸时，将大有用处。卡伦的作品曾在雪莱 1812 年订购的一部教科书中被提到。

很长一段时间以来，雪莱对神秘学和现代科学的兴趣是并行的，这引发了一些不寻常的事件，比如一位校长曾发现他站在椅子上，周围是蓝色的火花，正在试图召唤魔鬼。在野外，他曾将一只当地的公猫连在了一只即将放飞到雷电中的风筝上。雪莱的牛津时代，书架上有关于魔法和巫术的论著，也有关于电流和电力的论著。

虚构的维克多在1818年版的《弗兰肯斯坦》中也有类似的兴趣爱好。然而，在1831年的版本中，维克多早期对科学的大部分兴趣，无论是神秘的还是现代的，都经过了大量的编辑，以使这两种兴趣有着更清晰的进展和明显的分隔。

结果是，相比之下，维克多对现代科学的兴趣开始得相当突然。玛丽用一个单一的戏剧性事件——维克多生活中的一个"奇迹般的倾向变化"，彻底扭转了他此前对神秘学的痴迷。

这个事件发生在维克多还年轻的时候。一场可怕的雷暴在天空盘旋，一道闪电击中了他家附近的一棵树。碎裂树桩的壮观景象引发了他对闪电的好奇，也引发了他对闪电和电力性质的探讨。在1818年的版本中，维克多和他的父亲间有过一场谈话，但在1831年的版本中，对话发生在他和一位自然哲学家之间。后者碰巧参观了引发维克多对电现象产生兴趣的房子。这位来访的自然哲学家很可能是沃克和林德的虚构组合。玛丽对文本的修改强调了维克多与家人的隔膜，纠正了一个明显的矛盾——早期的文本里，他的父亲被塑造为对科学毫无兴趣的人。

《弗兰肯斯坦》中的大树被毁事件，也与雪莱的早期生活有相似之处。在伊顿时，人们在学校宿舍附近发现了雪莱，他用自制的火药装置炸毁了一个树桩。

直到小说推进至此，维克多才关注到电的规律和电疗法。从此，阿格里帕和佐西莫斯的作品"突然变得卑劣"。维克多以前对炼金术的兴趣立即被抛到了一边，他转向了关于数学和自然哲学所有分支的书籍。多年后，当维克多回顾生命中的这一时刻时，他察觉到这正是可以避免之后灾难的时刻。但是，"命运之神太强大了，她不容更改的法则，注定令我遭遇彻底而可怕的毁灭"。

# 第六章　启示

世界对我来说就是个秘密，一个我渴望探索的秘密。

——玛丽·雪莱《弗兰肯斯坦》

虚构的维克多·弗兰肯斯坦在 17 岁时，是个渴望学习现代科学的学生，不过仍保留着对炼金术的热爱和兴趣。他在大学的经历及其化学教授对他的影响，推动他对生命奥秘痴迷以求，最终走向死亡。尽管科学知识的世界持续向维克多敞开，他执着的唯有一点：创造生命。

玛丽似乎故意要孤立她的人物。《弗兰肯斯坦》中，按照家人的愿望，维克多离开家去大学修自然哲学。他没有在家乡瑞士学习，而选择去了巴伐利亚的因戈尔施塔特。

玛丽为人物挑选的求学地因戈尔施塔特非常有趣，这是一所真实存在的大学，却被真假难辨的传闻缠身。大学成立于 1472 年，到了 18 世纪，它成为光明会（拉丁文为"启蒙"之意）的中心。光明会是个秘密组织，也是许多阴谋论的焦点。光明会于 1776 年由因戈尔施塔特大学法学教授亚当·维斯霍普特（Adam

Weishaupt）创立，成员是一群自由思想家。他们旗帜鲜明地反对宗教，也对英国启蒙运动的思想主张感兴趣，如平等主义等。光明会成员包括大名鼎鼎的作家歌德，还有一些贵族和政治家。

关于光明会的阴谋论早已有之。1797 年和 1798 年，约翰·罗比森出版了《阴谋的证据》，阿贝·巴鲁埃尔出版了《雅各宾主义历史回忆录》，其中都提出光明会是法国大革命幕后推动者的观点。巴鲁埃尔还相信，该团体至今仍具有强大的影响力，其目的是推翻政府、私人财产和宗教。现代学者认为这些阴谋论几乎完全是两位作者的想象，但在当时这些书取得了意想不到的成功，出现了好几个版本，并被翻译成欧洲多种语言。珀西·雪莱热切地阅读了《雅各宾主义历史回忆录》，还与玛丽和克莱尔分享了他的激情。在 1814 年与雪莱开始第一次欧洲之旅时，她们也一起阅读了巴鲁埃尔的作品。

巴鲁埃尔在对光明会内部运转方式的详细描述中，也写到了该组织对科学的态度。巴鲁埃尔指出，光明会的目的是搜集科学知识，并利用这庞大的知识储备形成新的理论和新的发现。这是值得称赞的野心，但巴鲁埃尔断言，这些活动将破坏现有社会秩序，让人们回到自由或野蛮的状态。知识不应当公之于众，只能与那些能够最恰当地利用知识、实现教派目标的教徒分享。

光明会的存续十分短暂。1782 年，一项禁止所有秘密组织成立的法令颁布，到了 1787 年，光明会事实上已不复存在。光明会的信件和论著被没收并公之于众。然而，许多人相信这个组织仍存续多年，如今依然存在，通过幕后操纵，影响着各种社会事件。

当玛丽的人物维克多在 18 世纪八九十年代初到达因戈尔施塔特时，关于光明会的流言还十分盛行。虽然《弗兰肯斯坦》中并没有直接提到光明会，但 19 世纪的读者自然会将因戈尔施塔特大学与秘密组织、危险的革命行动联系到一起。

❛ ❜

维克多在大学选择的是自然哲学专业，这门学科在他就学的几年里也充满争议。18世纪末19世纪初是个关于科学的方方面面都争论不休的时期，一些最激烈的争论直接影响了维克多的研究，乃至产生此后要创造生命的想法。当时，生命的起源被视为某种类型的电力和化学现象，然而关于实验结果的解释争议很大，辩论双方不仅依据科学，他们的站队往往与国别一致。例如，关于燃烧本质的理论之争，分为英国的燃素说和法国的氧气说。在两国之间，科学家个人对这个问题的观点会受到其国籍的强烈影响。

法国科学界的情况，我们一般可以通过杰出的科学家安托万·拉瓦锡的著作探知一二。他加入了一些显贵的组织，特别是臭名昭著、征收苛捐杂税的"包税所"（Ferme Générale），直接将他送上了1794年的断头台。但即便身故，他的科学研究仍被广泛讨论，并影响了整个欧洲，甚至改变了化学科学。他被认为是现代化学之父。

在妻子玛丽-安妮（她兼任了实验室助理、翻译、插画师和抄写员等多重身份）的帮助下，拉瓦锡为化学科学做出了巨大贡献。他发现了几种元素，改进了化学实验方法，提出了一套全新的为化学物质命名和分类的系统，沿用至今。

在拉瓦锡之前，物质以其特征被命名，与它由什么元素构成无关。那时还没有成型的系统论，人们由于缺乏经验，命名也几乎是随机的。拉瓦锡在十几岁时参加了一系列关于化学的讲座，之后总结说："他们给出了一些自己完全无法定义的单词，而我只能研究全部化学才能理解这些单词。然而，在开始教授科学的时候，他们假定我已经完全掌握了。"

随着化学的发展，学科越来越成熟，需要用特定的词来描述特

拉瓦锡在检测一个静息男子的呼吸，他的妻子在做记录。1888年，爱德华·格里莫绘。藏于维尔康姆图书馆。

定的事物。随着越来越多的元素和化合物被识别和分离，物质的名称数量激增。拉瓦锡希望让当时混乱的命名情况变得有序。他建议，元素的名称应该有个希腊起源，同时名称应该有助于识别元素的特征。此外，如果元素与元素形成了化合物，化合物的名称也应该在最后的命名中有所体现。这是最重要的一点，将使参与反应的元素和化学单位得到明确。

例如，他建议将新近发现的易燃气体命名为氢（hydrogen），因为它是水（hydro是印欧语系中"水"一词的词根）的创造者（gen是印欧语系中"创造"一词的词根）。元素氢与溶解状态的氯结合，会生成氯化氢（盐酸）。在锌与盐酸的反应中，形成的化合物之一被命名为氯化锌，表明发生反应的氯化氢已经将其化合成分从氢转化为锌。

锌 + 盐酸→氯化锌 + 氢气

锌 + 杂酸→氧化锌 + 易燃空气

旧的命名系统根植于炼金术，同样的反应被称为锌与杂酸（muriatic acid）反应，形成的化合物被称为"氧化锌"和"易燃空气"。而这些旧名称只在英国用过。其他国家对相同的化合物有不同的命名，这令整个欧洲的自然哲学家之间的交流和合作变得更加困难。

法国的命名系统十分合理，但许多英国科学家反对采用它，因为它意味着一种新的燃烧理论。拉瓦锡的氧化燃烧理论与德国科学家格奥尔格·恩斯特·施塔尔提出的"燃素说"完全矛盾，后者得到了包括约瑟夫·普利斯特里等在内的英国18世纪自然哲学家的广泛支持。普利斯特里至死都坚持认为，神秘的物质"燃素"是燃烧的重要组成部分。

燃素说的逻辑是，含有更多燃素的材料更容易燃烧，同时释放燃素到空气中。据此，燃烧后在空气中发现的氮和二氧化碳的混合物被命名为"燃素气"。当隐居的自然哲学家亨利·卡文迪许发现气体氢时，他将之命名为"易燃空气"，并将这种物质与燃素本身直接联系起来。

表面上看，燃素说不乏道理。可惜它无法对很多实验结果做出解释。例如，一些材料在燃烧后明显增加了质量。如果燃烧的过程会失去燃素，这是如何发生的？有些人试图提出燃素质量为负来解释这一点，但其他问题仍层出不穷，而燃素说都难以解释。

拉瓦锡通过氧化燃烧理论解决这些问题。他提出，当物质燃烧时，它们与氧气结合。在密闭容器中进行的精细实验证明，在燃烧过程中没有获得或失去质量。容器内的材料已转化为新的物质，燃烧的材料已获得氧气，而氧气是从空气中吸收的。

拉瓦锡声称自己发现了氧气，但该物质最早是普利斯特里和独立工作的德国—瑞典化学家卡尔·威尔海姆·舍勒（Carl Wilhelm Scheele）发现的。拉瓦锡未承认普利斯特里和舍勒的工作成果，这导致科学家之间有了敌意。因此，不难理解他们会抵制拉瓦锡的新理论。尽管拉瓦锡确实有点傲慢或不够周到，但他的氧化理论是正确的，哪怕不是那么完美。[1]

拉瓦锡的氧化燃烧理论不能完全解释所有现象，比如在他所谓的化学过程中产生的热是什么。为了填补这个空白，拉瓦锡提出，当物质冷却时，有一些难以捉摸的流体从物质中排出，他称之为"热量"。热量是一种物质形式的热，也许甚至是维克多·弗兰肯斯坦的"灵感"来源。尽管热量说对许多可观察的现象做出了解释，但它仍然不是一个完整的理论。对许多人来说，热量听起来很像是换了个名字的燃素，它也因此成为拉瓦锡燃烧理论的一个主要受攻击点。但无论如何，拉瓦锡对燃烧的探索向前迈出了一大步。

燃素被称为最后的炼金术理论。拉瓦锡和其他一些人，已经坚定地把化学推向了现代科学的领域，即便还不是全部。有了坚实的理性基础，化学已能够进一步洞察世界的本质。如果化学可以解释为什么一些物质能燃烧，那么它也可以用来解释更多的现象。

当拉瓦锡确认燃烧的蜡烛和呼吸都会消耗氧气并产生二氧化碳时，他假设体温是由肺部的缓慢燃烧产生的。[2]拉瓦锡的氧化燃烧理论关注了一种可以在实验室中开展的化学过程，并表明它有可能解释真实存在的过程，这充分展示了化学的潜在力量。既然

---

1　拉瓦锡的理论并非完全正确。他将这种新的气体命名为"氧气"（oxygen 意为"酸的制造者"），因为他错误地认为所有的酸都含有这种新元素。虽然酸理论有缺陷，但"氧气"一名已约定俗成。

2　我们现在知道，肺只是吸收氧气进入血液的手段，氧气通过血液被输送到实际进行呼吸作用（由氧气与葡萄糖的化学结合产生能量）的单个细胞中。

化学过程已经可以对生物的体温做出解释，它是不是还能推导出更多的结论？

虽然拉瓦锡开启了一场化学革命，但他确立的一些观点其实早已有之。例如，有关氧气，或至少空气中的某些成分对生命至关重要的观点，在拉瓦锡之前已存在一个多世纪了。罗伯特·波义耳在17世纪进行的空气泵实验表明，放在抽掉空气的容器中的动物，很快就死去了。因为空气中有某种东西令它们存活。在密闭容器中燃烧的蜡烛，火焰也会熄灭。在放血疗法颇为流行的当时，人们对血液的观察表明，从静脉中提取的暗红色血液逐渐转为鲜红色，似乎也是空气中的某种东西起到了作用。

与波义耳同时代的医生约翰·梅奥（John Mayow）是第一个将这些观察结果整合成完整的呼吸理论的人。他提出，空气中的某种颗粒被身体吸收，使血液变红，循环的血液将微粒传递给肌肉。这些微粒发生微小的爆炸，为肌肉提供能量，这一过程的循环必须不断补充更多的微粒。这个理论可以解释所有现象，甚至包括人们在发力时为什么呼吸也会更用力——他们需要更多的微粒供应给肌肉。不幸的是，梅奥的学说并未被广泛传播。他的许多想法又被后来的科学家和哲学家各自独立地重新设想。当拉瓦锡发表自己的呼吸理论时，不太可能知道梅奥的成果。

1774年，普利斯特里发现了一种新气体，由于它在燃烧和支持动物生命中具有明显的重要性，他将之命名为"重要空气"或"脱水空气"。舍勒在1771年独立发现这一新物质时，将其命名为"火气"（fire air）。实验表明，被放置在装有这种新发现的纯气体样本容器中的生物，比平时存活了更长时间，甚至长得更好。在梅奥理论提出的150年后，是拉瓦锡最终将这些微粒或空气中的成分命名为"氧"。1818年版的《弗兰肯斯坦》清楚地表明，年轻的维克多对空气的重要成分了如指掌。

长期以来，英国自然哲学家一直在抵制拉瓦锡的新命名系统。许多人，如约瑟夫·普利斯特里和詹姆斯·基尔，都坚持着他们珍视的"燃素理论"。其他人反对拉瓦锡的科学研究方式，则是因为他使用了自己设计的复杂实验，难以复制和验证。拉瓦锡描述自己的发现时的威权风格，也让英国启蒙时代的科学家感到恼火。人们认为他把科学带离了普通人，使科学只向富有的精英阶层开放。根据当时通常的认识，"英国人的思维是实用的，脚踏实地；法国人的思维是思辨和抽象的"。

但抵抗是徒劳的。新命名系统的优雅，及其揭示潜在连通性的力量是压倒性的。拉瓦锡帮助化学摆脱了令人生疑的炼金术传统，将其确立为一门单独的科学学科。当伊拉斯谟斯·达尔文在1803年出版《自然圣殿》时，他就应用了新的化学名称，以彰显自己的现代性。

克兰普教授是维克多在因戈尔施塔特的化学导师之一，这个人物与拉瓦锡有很多共同之处：对旧方式有些蔑视，非常看重现代科学的力量，同时极为自负。维克多也认为克兰普骄傲自大，但他重视后者的讲座，因为尽管其举止令人厌恶，但讲座中包含了"大量有意义且真实的信息"——英国科学家对拉瓦锡的看法可能就是这样的。

维克多与克兰普教授交往之初并不愉快。教授对维克多早期的炼金术士研究不屑一顾，对他说："你费尽力气记住的都是些已被推翻的体系和无用的名字。"维克多感到失望，但这并非因为克兰普对炼金术的轻蔑态度——此前他自己已有了同样的结论，而是由于克兰普推荐的书目对他毫无启发。

维克多与瓦德曼教授交往的情况截然不同。某种程度来说，瓦德曼教授成了维克多的导师。虽然瓦德曼的主要兴趣是化学（他称其为自然哲学的分支，这是很大的进步），但他对自然哲学的所有分支都保持着兴趣，并建议维克多也这样做。只关注化学就会变成一个"不起眼的实验员"。维克多听进了瓦德曼的话，投入了痴迷于炼金术时的那种劲头。他开始集中研究现代自然哲学家的著作，还参加了一些讲座，结识了"大学里的科学工作者"。此前科学研究对于维克多只是学业的必需，这时已发展为"热烈而迫切"的钻研。

伴随着瓦德曼对新生的开学演讲，玛丽描述了维克多全心全意拥抱现代科学的时刻。瓦德曼追溯了化学的历史，从古代到炼金术士的成果，直到现代化学。对此前化学成果的重要性，他也给予了充分肯定。关于炼金术士，瓦德曼告诉学生们，"这些都是现代科学家们应该感谢的人物。他们以自己的学识为现代科学奠定了基础，我们只需要为他们的发现重新命名，并加以分类整理就行了"。

瓦德曼的性格和他在因戈尔施塔特的演讲的灵感来源，很大程度上出自英国化学家汉弗莱·戴维爵士。玛丽本人认识戴维，在她小时候，他是戈德温家的访客之一，她也可能参加过他在皇家研究院的讲座。戴维及其作品无疑以某种方式进入了《弗兰肯斯坦》。除了瓦德曼教授，维克多·弗兰肯斯坦身上也有戴维的影子。戴维的职业生涯可能有助于塑造维克多的科学态度和教育过程，有助于他从业余炼金术士到极其成功的科学家的成长。

汉弗莱·戴维是启蒙运动中科学领域的重要人物，19世纪初，对科学和科学追求态度的变化，很多都可以归因于他。他在化学，特别是电化学的普及方面，发挥了巨大作用。戴维还推动科学，特别是化学，从绅士阶层的爱好转变为能够变革工业乃至社会的专业化研究。

　　戴维于 1778 年出生于康沃尔，由于家庭收入微薄，几乎没有受过正规的科学教育。他从未上过大学，本质上是一个自学成才的科学家，学习的来源是书籍和自己的实验。16 岁时父亲去世，他需要决定以何种职业养家。他选择了医学，并为彭赞斯的一位外科医生兼药剂师宾厄姆·伯拉斯先生当学徒。学徒期间，他学到了一些化学概念。他显然是个聪明的学生，用学到的知识制作出了烟花，为自己和妹妹取乐。但戴维对化学真正产生兴趣始于 19 岁，那年他读到了安托万·拉瓦锡的《化学基础》。

　　1798 年，戴维在托马斯·贝多斯刚成立的气动研究院工作。贝多斯对新发现的氧气和一氧化二氮（笑气）可能带来的医疗作用十分好奇，开设了一个诊所来付诸实践。戴维通过实验研究一氧化二氮对自己、病人和朋友的影响，实验对象还包括热情的塞缪尔·泰勒·柯勒律治，后者非常了解鸦片成瘾的感受。

　　吸入一氧化二氮气体会产生奇妙的作用，“心理的满足感伴随着明显的感官和自主力量的丧失，这种感觉类似于醉酒的第一阶段”。然而每个人的反应并不相同。有些人有欣快感，另一些人则是“肌肉力量变得更大”，但有些人会有不快的感受。许多人努力表达自己的感觉，用的词语中包括“重生”。戴维仔细记录，并将研究成果于 1800 年以《关于一氧化二氮及其呼吸作用的简要研究》为题发表在《化学和哲学研究》上。

　　贝多斯出于激进的启蒙思想而建立了气动研究院，意在推动社会进步。他从其他激进分子那里也获得了很多支持。但无论其目的多么崇高，在政治动荡年代，这种想法与建立科学规范是背道而驰的。它使研究院、贝多斯和戴维的实验在保守媒体上饱受嘲笑。戴维对吸入笑气的后果做了仔细的整理，这给对方提供了大量的讥讽素材。

伦敦，皇家研究院正在举办一场有关气动学的讲座。彩色蚀刻画，1802 年，詹姆斯·吉尔瑞绘。藏于维尔康姆图书馆。

今天，我们知道戴维和贝多斯利用新发现的"气体"所开展的医疗探索与应用，大多数是无用的。唯一的例外是一氧化二氮，它可以短时减轻疼痛。戴维注意到一氧化二氮能使感官变得迟钝，甚至指出这种气体未来可能在外科手术中有所助益，但他没能将这些效果与麻醉联系起来。45 年后，霍勒斯·威尔斯在他的牙科手术中使用了这种气体。没有注意到这种气体作为麻醉剂的潜力是戴维及其同代人的一个重大疏忽。然而，戴维在气动研究院进行的研究，及其观察到的结果，对任何潜在的维克多·弗兰肯斯坦来说都是重要的，据此他们可以尝试创造一种具有明显超人力量并擅长抵御疼痛的生物。

在戴维发表一氧化二氮实验结果的同一年，亚历山德罗·伏打惊人的创造——伏打电堆的消息传到了英国,这是世界上第一个电池,也是第一个能够产生可靠、持续电流的仪器。这将是本书第十一章的重点。

戴维很快就发现了电力的可能性,并开始在贝多斯研究院试验伏打电堆的相关发明。他重复了伏打和伽瓦尼所做的许多实验,这些实验引发了关于"动物电"的争议,对于科学进步和《弗兰肯斯坦》都非常重要。不过,戴维在电力方面真正取得成功,是在他离开贝多斯研究院,到伦敦接受一个更有声望的职位之后。

戴维在气动研究院时,已经具备实验者的资质,足以让自己受邀去皇家研究院,更充分地开展对电学和电化学的研究。他于1801年初抵达伦敦,担任化学助理讲师。皇家研究院一年前刚刚设立,主要功能是科学研究和教育。它的明确宗旨之一,是把科学带给更广泛的公众:"传播知识,并促进推广有益的机械发明和科学进步;通过哲学讲座和实验教学,将科学应用于共同的生活目标。"

除了研究之外,戴维在伦敦还有一项工作是向公众演讲。他的第一个系列讲座主题是电疗法。戴维是位引人入胜的演讲者,他以清晰的叙述、简明的科学解释和令人印象深刻的演示赢得了听众的青睐。他的就职演讲在媒体上得到了广泛且积极的评论,吸引人们来听之后的讲座。值得注意的是,众多的听众中,女性听众的数量多得引人注目。这被视为令人鼓舞的现象,尽管有些记者开玩笑说,在他的演讲中,那些在奋笔疾书的女人其实是在给充满魅力的戴维写情书,而非做笔记。戴维听众里的一个年轻女子,正是玛丽·戈德温。

戴维的讲座大受欢迎,常常引发交通堵塞,导致皇家研究院外面的道路成为英国第一条单行道。这推动皇家研究院形成了举办大众讲座的传统，一直延续至今。戴维的演讲稿也公开出版，将科学带给了更多人。他还撰写了一些科学论著，特别是《化学哲学原理》，其中包含了化学科学的介绍，几乎可以肯定，这本书启发了虚构的瓦德曼教授在因戈尔施塔特面向新生的演讲。玛丽读戴维的作品时，恰好正在写维克多在因戈尔施塔特求学的那一章。

戴维的热情和魅力无疑鼓舞了社会各界人士参与科学，但主要限于阅读科学作品、在时尚的沙龙讨论它，或参加讲座。很少有人能重复戴维的实验，抑或做出变化或改进。戴维的实验费用高昂，超出了大多数业余科学家的能力。

虽然戴维提倡科学改变社会的可能性，但他谨慎地将这一观点纳入既定的社会等级体系中，并谴责法国大革命。他背离了气动研究院及其创始人的激进政治观念，但仍然是戈德温和普利斯特里这样的激进分子的朋友。戴维是一颗冉冉升起的科学明星，他要确保在公开场合所说的一切，都不会威胁到自己的发展和在科学界的名声。

戴维很清醒地抓住每一个自我提升的机会。1807年，他应邀在英国最负盛名的科学组织——皇家学会发表演讲。戴维没有浪费机会，他在实验室里度过了一段紧张的时间，以便在演讲中提出一些了不起的东西。他用强大的伏打电堆中的电，分离出一种科学界未曾知晓的元素——钾，这是第一种通过电解过程分离出来的金属元素。几天后，他用同样的方法分离出钠。仅仅几周内，戴维就在仅有的37个已知元素的列表中又增加了2个新元素。第二年他还将在清单中再增加4个元素。高强度的工作、高额的耗电量和专注的目标——做出伟大的科学发现，共同助推了他的声誉，这让人想起维克多·弗兰肯斯坦在开始研究自己的创造物时的勃勃野心。

戴维在演讲中以戏剧性的方式宣布了他的发现。在大批观众面前，他重现了实验室中的实验。戴维在钾盐样品（氢氧化钾）上施加电极。由伏打电堆提供的电力将形成钾盐的元素分离成纯钾金属，钾金属在其中一个电极上形成。熔化的金属从电极上滴下来，与空气中的水分发生反应，当它们掉落时，燃烧着丁香色的火焰。这一定是壮观的场面，戴维令人印象深刻的讲课技巧马上赢得了观众的肯定。但科学机构并不那么容易被说服。当戴维建造更大的电池并进行更轰动的公众演示时，他被认为是在朝着法国式的科学研究方向迈进。

对他的批评者来说，戴维是在利用他的个人魅力及其与观众的融洽关系，使其科学发现令人信服。戴维为其发现所建造的巨大且功能强大的设备，只能由皇家科学院这样的机构来支付和建造，超出了大多数实验者的能力。因此，他的发现不能被其他人检验，这使其有效性受到质疑。但诋毁者是少数。对大多数人来说，戴维是英国科学之光，他的发现被认为是英国成功战胜法国的证明。戴维的工作得到了丰厚的回报。他获得了科普利奖章、拉姆福德奖章和皇家奖章，成为皇家学会主席，获得了准男爵爵位，以及其他各项荣誉和表彰，这是科学界第一个如此荣誉等身的人。

在《弗兰肯斯坦》中，维克多在大学期间学术能力的迅速增长令人印象深刻。尽管玛丽显然给了这个人物很高的化学天赋，他学习也非常认真，一直在艰辛付出。他很快成为明星学生，甚至为这门学科做出了宝贵贡献。事实上，玛丽将维克多塑造成一个天赋极高的学生，很快就超过了周围的大多数人，并且没什么可向学术导师学习的了。在超越了他的同学和许多教授之后，维克多对接下来该做什么不知所措。待在因戈尔施塔特似乎没有什么意义，因为大学对他的科研也没什么助益了。

虽然化学一直是他研究的主要焦点，但正如瓦德曼教授所建议的那样，他对自然哲学的其他领域也保持了兴趣，尤其是人类科学。经过一段时间在学习方向上的思考和斗争，他从化学转向了医学分支。

拉瓦锡已经证明了化学与呼吸及生命的关系。另一些人则寻求对体内其他过程的化学解释，比如消化。对生命的化学过程研究在18世纪处于起步阶段，后来则发展成为广阔的科学领域——生物化学，以及很多特殊的分学科。从化学到医学和人类科学的转变，并不像今天想象的那样突兀或艰难。自然哲学在当时是个包罗万象的学科，不同学科之间的界限非常模糊。因此，维克多很容易就可以过渡到一个新的研究领域：人类——关于其结构，以及是什么原理赋予其生命。

玛丽让维克多学习解剖学和生理学，这是必修的大学课程。但重要的是，他是自学的。这个人物早期对炼金术的兴趣，以及炼金术认为生命源自死亡的观点，让他很自然地进入了对衰变原因的独立研究，"为了研究生，我们先要求助于死"。维克多去了墓地，晚上住在地窖和小房子里，观看尸体分解的细节："我看到死亡的腐败成功地蔓延到生命曾绽放过的脸颊；我看到蠕虫占领了奇妙的眼睛和曾产生奇迹的大脑。"从这些描述中，维克多似乎见证了生命从一个身体转移到另一个身体的秘密。

总体来看，当一具人体分解时，它经历了五个阶段：新鲜的腐烂、膨胀的腐烂、活跃的腐烂和干燥的腐烂——这是关于一系列奇妙而复杂事件的简要列表。从玛丽对维克多研究的描述来看，很明显，她的人物熟悉腐烂的所有阶段。而当维克多描述"死亡的腐败成功地蔓延到生命曾绽放过的脸颊"时，提到的可能是活跃阶段。

这部分分解过程是在其他生物，通常是昆虫参与的时候发生。

萤火虫是第一个被尸体吸引的昆虫，它被腐烂初期新鲜阶段产生的气体和其他挥发性化合物的气味吸引而来（详见第八章）。苍蝇会在尸体上产卵，因为后者是蛆的丰富食物来源。其他物种将被"新鲜"腐烂阶段后期的产物吸引，如腐臭脂肪和氨化合物。而更多的苍蝇种群，如家蝇和肉蝇，在膨胀阶段盘踞在尸体上。几天内，尸体就能与庞大的生命种群结为一体，随着不同物种的蛆和昆虫争夺食物，尸体会与活物一起扭动起来。

一些被称为食腐昆虫的物种，将直接以尸体为食，包括某些种类的苍蝇、蚂蚁、甲虫和某些杂食性昆虫，比如黄蜂。这可能是我们在第五章描述的黄蜂和蜜蜂在腐烂的动物尸体中自然发生理论的起源。然而，更多的昆虫和寄生虫被吸引来以蛆和其他昆虫为食，这些昆虫正在吞噬腐烂的遗骸。整个混乱的过程可以产生相当大的热量。还有一些物种，如某些蜘蛛和蜈蚣，会利用这一过程产生的温暖与尸体提供的庇护，并将腐烂的遗骸残体带进它们原本的栖息地。

进入尸体是昆虫在尸体上定居的关键。留在空地上的遗体很快就会被"殖民"。留在室内的尸体，比如维克多原本要研究的墓穴中的尸体，可能需要更长的时间才会被昆虫发现——一般是三四天。这一过程也会因墓穴和地窖的较低温度而有所延迟。如果尸体埋在地下，土壤也可以阻止昆虫进入尸体。一具埋入地下超过 60 厘米的尸体，可能根本达不到苍蝇产卵或发生其他腐烂过程的条件。

昆虫最容易通过尸体的伤口或孔窍进去，其次是潮湿、皱巴巴的皮肤。眼睛是另一个容易进入的地点，维克多在研究中显然注意到了这一点，他评论说，"我看到蠕虫占据了奇妙的眼睛"。

研究参与分解的昆虫已然演变为一门重要的学科。检查尸体上出现的昆虫，可以为人死亡的时间及死后尸体的变化提供重要的法医线索。例如，一具尸体是否曾从室内移动到室外，它是否被掩埋过，以及可能的埋葬地点，所有这些都可以基于尸体上发现的物种、它们的生长阶段，甚至是繁衍了多少代来推演。

昆虫先在尸体上产卵，再以蛆的形式出现，这在18世纪，不是什么值得称颂的美事。生命从死亡中突然而戏剧性地出现，在几天内暴增出丰富的生命体，对于任何像维克多·弗兰肯斯坦这样身处启蒙时代、精通自然发生论的人来说，一定是令人惊讶的。

正如我们所看到的，玛丽和珀西·雪莱经由阅读亚里士多德的论述或讨论伊拉斯谟斯·达尔文的著作，非常熟悉昆虫自然发生论的思想。但玛丽笔下的人物维克多，显然比他之前的任何人都更详细地研究了从死亡到生命的整个转化过程，因为他在蠕动的、肮脏的死生交融间，找到了生命本身的线索。

在一个辉煌的奇迹时刻，维克多发现了激发所有生物的重要元素、过程或者火花。"我成功地发现了生命的演化与形成的原因。不，还不止于此，我自己就成了可以让无生命的东西获得生命的人。"他发现了一种能区隔生死的东西，"一道闪电突然在黑暗里对我闪亮，耀得我眼花缭乱，令我感到惊讶，却也简单明快"，"我惊叹于那么多有才华的人把他们的探索指向了同一门科学，可有机会发现那惊人奇迹的人，竟然是我"。尽管从那时起，又经过了两个世纪的科学努力，科学家们至今仍在争论生命本身究竟是什么。

维克多接着坦承："在发现那么惊人的力量落到我手里以后，我却长时间举棋不定，不知道该怎样使用为好。""惊人的力量"绝对是过谦的说法。

小说发展到这里，维克多退回去思考自己的发现的重要性。你可能会以为，这样重大的发现要在屋顶上呐喊出来，但维克多把知识留给了自己。在深入思考如何利用这些知识后，他决定将它付诸实践。理论是一回事，维克多必须证明他的理论是正确的——这是科学方法和科学哲学的重要组成部分。但是，即使在科研早期，不分享这么一个奇妙发现的巨大潜力，似乎也是自私的，完全违背了启蒙科学家所珍视的原则。许多人，如约瑟夫·普利斯特里，非常重视分享假想和未完成的实验，以便其他人能够做出进一步推进。维克多·弗兰肯斯坦选择不公开知识，独自工作，这并不符合启蒙运动的科学合作精神。

维克多已经拥有了让人难以置信的强大知识。最初，能够赋予生命这一事实，令他感到恐惧。毕竟在此之前，只有造物主才能做这样的事情。然而，利用这一新权力的渴望太大了，无法让他冷静地分析自己将要做的事情的意义。维克多几乎没有停下来喘口气。他沉浸在兴奋中，对可能的后果考虑得很少，下定决心要创造一种类人的生物。他满怀着消除人类疾病，甚至是让人死而复生的宏愿。他摒弃了制造较小、较简单物种的想法。他的第一项事业就将是创造一个像自己一样的人，这相当于创造一个新的物种，即使他知道这将非常困难。而作为造物者，他期待这个物种会爱他、崇拜他。

任务的复杂性以及将面临的困难，几乎没有减弱他的热情、抑制他的野心。他只看到了最乐观的结果。维克多将一切不确定因素抛诸脑后，开始了他的事业。

# 第七章　采集

　　我从白骨间采集到了骨殖，用亵渎的手指搅动了人
体结构的天大秘密。

——玛丽·雪莱《弗兰肯斯坦》

　　已经决定迈出创造一个生物这一重要一步，玛丽才允许维克多暂停片刻去思考未来的困难。他完全预料到了将面临的问题和挫折，但毫不气馁，对自己取得成功的能力充满信心。维克多将面临的第一个问题是，为接下来的工作取得原材料。在如今这是巨大的难题，但 18 世纪末的情况非常不同，有许多方法能收集到尸体的残部。玛丽笔下的维克多的原料来源包括解剖室、洞穴和墓地。

❧ ❧

　　解剖学的研究在 18 世纪很流行，促使欧洲各主要城市的解剖学校数量激增。而在 16 世纪前，关于人体如何运作的知识都来自古代的文本。公认的解剖学权威是伽林[1]，公元 2 世纪罗马帝国范

---

1　伽林（Galen, 130？—200？），又译为"盖伦"，罗马帝国时代的名医和作家，出生于小亚细亚的佩加蒙。编注。

围内的一位希腊自然哲学家。他作为医生为角斗士治疗时，获得了人体解剖的第一手知识。通过战斗中所造成的伤口，他得以一瞥人体内部是怎样运作的。在他的四年任期内，只有五名角斗士去世，这充分证明了他的医术，但也意味着他很少有机会进行尸体解剖。不过，即便有更多的机会，伽林也不愿解剖尸体，因为这被罗马人视为禁忌。

替代性的办法是，伽林解剖了数以百计的动物，从猿到猪，以及任何他能得到的死尸。他利用自己的发现来发展理论，不仅包括人体解剖，还包括它是如何运转的，以及更为关键的，当人生病时它是如何不正常运转的。医学方面的成功让他后来当上了几位罗马皇帝的医生；他关于人体解剖和药理学的手稿，则成为一千三百年来的范本。罗马帝国灭亡后的几个世纪，他关于人体及其运转原理的论著失传了。当它们重见天日，便获得了不容挑战的权威性，尽管当时的欧洲人已不再忌惮解剖人类尸体。对伽林在医学理论上的主导地位的第一次重大挑战发生于1537年，来自帕多瓦大学的外科和解剖学教授安德雷亚斯·维萨里。维萨里教授解剖学，并鼓励他的学生自己做解剖。他对人体的详细探索暴露出伽林著作里的谬误，于是维萨里开始怀疑伽林从来没有真正解剖过一个人。伽林笔下的肾脏看起来更像猪的肾脏，大脑却是牛或山羊的。总之，维萨里在伽林声称是人体的解剖描述里，发现了不下200种动物解剖结构。

维萨里开始着手修正错误。他雇用熟练的插画家和匠人，留下他关于解剖的插图，并汇编成一部关于人体解剖的最著名论著《人体的构造》，于1543年发表。这是一部名副其实的关于人体形态的机械化测量的书，为维萨里带来了国际声誉，以及由帕多瓦刑事法院提供的稳定的尸体供应。

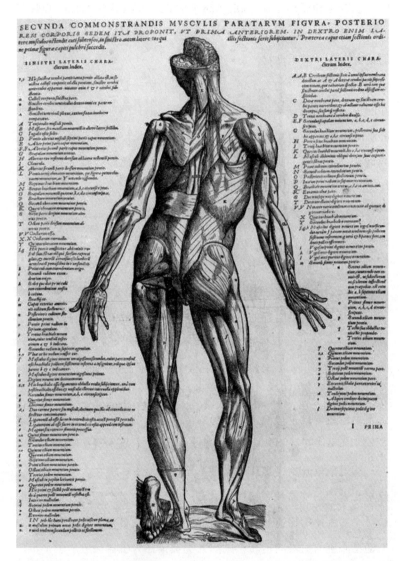

安德雷亚斯·维萨里《人体的构造》之《摘要》中的插图。木版画，简·斯蒂芬·范·卡尔卡绘。藏于维尔康姆图书馆。

伽林的理论并非一夜之间被全盘否定。威廉·哈维，17 世纪的一位医生和解剖学家，在 1628 年挑战得到公认的伽林的心脏和血液功能理论时，依然遭受了攻击。经过一系列巧妙的实验和清晰的描述，在《关于动物心脏与血液的运转》（一篇关于动物心脏和血液运转的解剖学论文）中，哈维表明心脏只是一个泵，有两个不同的半边，令全身各处循环流动着血液。伽林的理论认为，血液在肝脏中不断产生，并被身体器官消耗。血液从心脏的一侧通过小孔或毛孔交叉到另一侧。没有人见过这些毛孔，然而这被认为是解剖学家未能成功找到，而非伽林的理论有误。很多哈维的批评者甚至没有试图挑战哈维的科学：仅凭他质疑伽林这件事本身，就足以对他进行谴责。

不过，人们的态度正在改变。很明显，理解人体解剖的最好方法是直接实施解剖。哈维和维萨里的工作环境完全不同。17 世纪英国解剖学家所能得到的尸体数量仅为每年 6 具，都来自绞刑架上被处决的杀人犯。牛津的情况略有不同 [1]，哈维在那里住了一段时间。这所大学的解剖学家有权解剖被处决的罪犯的尸体。尽管如此，哈维对知识的追求和人类尸体的极度匮乏，促使他在自己的妹妹和父亲去世后解剖了他们。令人惊讶的是，哈维不希望自己在死后被解剖，他要求用铅包裹自己的尸体，保护它不受解剖学家的伤害。

从维萨里开始，现代科学理论已有所转变，但在未来的几个世纪里，人们对身体和宇宙如何运转的理解发生了更广泛、更根本的变化。《人体的构造》是迈向机械的身体观的第一步，哈维的《关于动物心脏与血液的运转》则向人类被描述为机器又迈出了一步。

哈维与笛卡尔、霍布斯是同时代人，他们都以机械化的用语来

---

1　17 世纪，牛津大学被允许制定一些自己的法律，包括民法和刑法。

描述宇宙和宇宙中的一切。天体在太空中移动，就像时钟的运转一样。人体则被越来越多地看作一台由有机的泵和杠杆组成的"接地机器"。这是科学态度的巨大转变，否则像《弗兰肯斯坦》这样的小说就不可能创作出来。

実施解剖，而非研究古代文本，越来越被视为学习解剖学的首选方法。到了18世纪，随着人们对人体解剖学越来越感兴趣，对优秀医生的需求也越来越大，学解剖学的学生数量显著增加。医生和外科医生都必须通过人体解剖考核。为了通过考核，学生会为医院的外科医生或私立解剖学校的讲座付费。成立的解剖学校越来越多，但在18世纪上半叶，唯一合法可供解剖的尸体仍是每年从绞刑架上移交的6具尸体。

1752年，议会通过了《谋杀罪法案》，允许所有杀人犯的尸体被用于解剖，"无论如何，任何杀人犯的尸体都不会被埋葬"。在那个盗窃和谋杀实行相同惩罚的时代，一些人认为应该对罪行更重的谋杀给予更大的惩罚。将人绞死后公开解剖，被认为是比直接处死更可怕的命运。威廉·荷加斯在他的讽刺漫画《残酷的回报》（《第四个残酷的舞台》系列的最后一部）中生动地展现了18世纪的情况。插图里，汤姆·内罗因抢劫和谋杀在法庭被审判，并被判绞刑。他的尸体在审判人员面前被切开解剖。法官同时也是解剖学教授，向人群指点着汤姆·内罗体内有趣的部分。他的助手执行了实际解剖中更令人不快和更危险的任务。器官全从身体上移除，骨头被煮熟，画面前景里的狗得到了他的心脏。画面背景里，一个人用手指指向一具骨架，展示了汤姆·内罗身体的最终命运——公开展示以供解剖学学生研习。

为了满足越来越多的医科学生的需要，新兴的私立解剖学校产

《第四个残酷的舞台：残酷的回报》，1751 年，威廉·荷加斯作。

业应运而生。这带来了更大的解剖原料需求，特别是当一些学校声称可以提供"法国式"解剖学课程——一种谨慎的表达方式，指每个学生都有一具供解剖用的尸体——来彰显身份时。对新鲜尸体的需求很快就超过了供应，尸体成为一种商品。在 18 世纪，出售尸体发展为一种利润丰厚的贸易。解剖学家会与绞刑犯达成交易，甚至在罪犯等待处决时给他们钱。有些罪犯数次成功地卖掉了自己未来的尸体，甚至出现人们试图从刑台上抢走尸体的不光彩场面，但尸体仍然供不应求。

这是一个盗尸者、盗墓者，或者叫"装袋人"十分猖獗的时代。

成群结伙的人潜入墓地，挖掘刚被埋入的尸体，并以惊人的价格卖给解剖学校。这是一份有利可图的职业，对任何愿意弄脏双手的人都是开放的。爱丁堡的一些解剖学校接受支付尸体而非现金作为学费。

盗尸者问题几乎只在英国存在。对盗尸者的惧怕在欧洲大陆几乎都不为人知。但这并不是说解剖学在英国以外不受欢迎。不同地方的法律各不相同，但无论采取何种形式，其他地方的法律一般都允许更多的尸体供解剖。例如，在德国，维克多·弗兰肯斯坦研究解剖学，法律允许任何在监狱中死去的人的身体以及自杀者的身体被解剖，除非朋友或家人愿意向解剖学校支付费用，才将尸体归还给他们埋葬。此外，任何没有足够的资金可用于埋葬的死者，或是曾接受过公共资金资助的穷人，他们的尸体也都可以被解剖。在德国的解剖室里，维克多不会缺少可供选择的材料。

可是对于英国解剖学教授来说，这要困难得多，在道德和法律上都难以立足的盗墓行为，意味着他们不愿意谈论自己如何获得材料。正如格思里先生指出的："外科医生可能会因为缺乏技能而在某个法庭受到惩罚，而在另一个法庭，同样的人也可能因为试图获得这种技能而受到惩罚。"在欧洲大陆，尤其是在意大利，解剖学家处于探索解剖学知识的前沿。在博洛尼亚，每年在狂欢节期间会做公开解剖。这是一项由学生、地方当局和公众参加的节日活动。我们将在第十一章看到，伽瓦尼有幸主持了几场这类时髦的解剖活动。

相比之下，在英国，解剖是在小型私人场所教授的，不会试图吸引公众的关注。民众会仇视盗墓行为，这不难理解。我们已知的有关盗墓的细节，许多都来自盗墓者詹姆斯·布莱克·贝利在1811年写的日记。其中除了记下有多少尸体、是从哪里得到的、酬劳多少、与其他团伙的竞争之外，还附有一部阴历，这样他们就可以避开满月，在最黑暗的夜晚工作。

一般人可能对这种做法感到厌恶和愤怒，但它非常有利可图，团伙对这项工作也高度熟练。盗墓者的收入可能是当时体力劳动者平均工资的 5 到 10 倍，而且还有暑假。1826 年在伦敦，估计有600 具尸体被解剖。到 1828 年，估计只有 10 名全职盗墓者，但有200 名在伦敦有其他工作的兼职者。当尸体短缺时，盗墓者越过城市突袭更多乡村墓地，甚至从爱尔兰进口尸体。

这些团伙会在深夜出发寻找新的坟墓。通常，他们会在教堂墓地与看守人达成交易，在新的葬礼举行后，看守人会假装无视地给予方便，甚至与团伙勾结。这些人会用木铲把坟墓顶部三分之一的泥土挖开，一直挖到棺材盖，以避免铁铲撞到石头发出声响。他们用坟墓底部三分之二的泥土作为支撑，把棺材盖撬开，直到薄木折断，再用毯子包住盖子以压住声音。接着，其中一名成员会爬下坟墓检查尸体。有时尸体腐烂或生前病得太厉害，那就没用了；如果是新鲜的尸体，他们会用绳子捆住，这样就可以从棺材里吊出来。然后，尸体被剥光，衣服都丢回坟墓。拿走衣服是盗窃，但拿走尸体本身则不是。因为从法律上讲，它并非真正的资产。随后他们会放回盖子和土，并仔细平复如初。

由于担心被盗墓，许多死者亲属把记号或纪念品放在坟墓上，这样有任何变动就能发现了。但盗墓者很清楚这种做法，会仔细地注意每个标记的位置，并同样仔细地在盗墓之后恢复原状。那些负担得起的富人，则更努力地保护所爱的人。他们会购置三层棺材和沉重的"死"锁，设计更精细的防御系统，使尸体更难被盗。将手枪埋入地下，装有绊线，这样就可以射杀任何潜在的盗墓者。如今在格拉斯哥和爱丁堡，你仍然可以在坟墓上找到笼子。这并非为了防备僵尸或吸血鬼，而是为了让盗墓者远离。金钱起到了更有效的阻退作用，因此，最终多半是穷人来到了解剖室的桌子上。

通过仔细选择目标，由 6 到 7 个人组成的盗墓团伙可以在 15 分钟内从坟墓中移出一具尸体，并可以在一夜间获得 10 具尸体。这些尸体的牙齿会被拔掉，卖给牙医用来制造假牙。因此，牙齿几乎和尸体一样值钱。如果出售尸体脂肪，还可以获得更多的钱。之后，尸体被装进袋子里，送到解剖学校。这些半夜进行的秘密行动有时会出点岔子。从爱尔兰运来的装有尸体的板条箱，总会贴上假标签以免被发现。有一次，某个解剖学校开门后发现了一个箱子，标签标明里面有"一只上好的火腿、一大块奶酪、一篮子鸡蛋和一个巨大的纱线球"。

挖掘尸体可能不是非法的，但如果被人发现拥有一具尸体，而且已被肢解，会令盗墓者和解剖学家在法律上和道德上都站不住脚。

许多解剖学校会与特定的团伙仔细协商。他们依靠盗墓者来维持源源不断的尸体供应。他们什么也不问就支付一大笔钱，如果盗墓者惹上官司，他们甚至还会给予经济资助。1826 年，一个成年人的尸体可以换到 10 英镑的好价钱[1]，值得注意的是，儿童尸体的价格便宜些，因为尺寸"小"。

1828 年，当两个男人把一具尸体卖给爱丁堡的罗伯特·诺克斯博士的解剖学校时，情况变得更为险恶。像往常一样，没有人问任何问题。但尸体并没有任何被埋葬的痕迹，也许有人该有所置疑了。不管怎么说，这两个分别叫作威廉·伯克和威廉·黑尔的人获

---

1 今天的价值超过 800 英镑。

得了 7 英镑 10 便士——今天的价值是将近 700 英镑，在他们两人看来，这笔钱十分可观。

黑尔和妻子经营着一所旅店。当他们的一位房客没付房租就死掉后，黑尔和他的朋友伯克决定卖掉尸体来抵偿债务。他们决定把尸体送到门罗博士的解剖学校，但不得不拦下一个学生问路。学生却把他们引到罗伯特·诺克斯博士的学校，因为他自己正在那里学习。

这对夫妇意识到出售一具尸体并拿到巨款原来如此容易。当另一位房客生病时，伯克和黑尔给他灌下威士忌直至昏迷，然后闷死了他。这次他们收到了 10 英镑。

在接下来的 10 个月里，伯克和黑尔又杀死了 15 个人，包括 12 名妇女、2 名残疾青年和 1 个老人，他们的尸体都被卖到了诺克斯的解剖学校。诺克斯已经和这对夫妇达成了一项协议——每具尸体冬天 10 英镑，夏天 8 英镑[1]。伯克和黑尔也许以请客喝酒的幌子来引诱受害者，通常是穷人，当他们失去知觉后，就会被闷死。

诺克斯的学校从来没问过任何问题，哪怕尸体被送到的时候仍有体温。然而，当一些学生认出被用来解剖的尸体时，感到了不安。一个名叫玛丽·帕特森的受害者，在爱丁堡的街道上广为人知。诺克斯决定在解剖她之前，把这具年轻漂亮的身体泡在酒精中保存 3 个月。

当 18 岁的"傻子杰米"消失时，人们开始起疑。杰米精神不正常，人们说他"犯傻但不惹事"。尽管身体很壮，但他从不打架，即使被人嘲笑也不会，因为"只有坏男孩才打架"。伯克和黑尔引诱杰米来到黑尔的住处，在那里他们给他灌酒，直到他睡着为止。在伯

---

1 今天的价值分别约为 900 英镑和 700 英镑。

克试图闷死他时，杰米突然惊醒并开始反抗。伯克和黑尔最终制服了杰米，两人都因此受伤了。难以置信的是，解剖杰米尸体的人没有注意到任何挣扎的迹象。就这样，仍然没有人调查伯克或黑尔。

最终，当一位房客在黑尔的旅馆发现一具尸体后，这对夫妇被绳之以法。尽管警报已经响起，但伯克和黑尔很快将尸体转移到了解剖学校。当局到达解剖学校时，任何证据都没留下，尸体已被迅速解剖了。但不管怎样，这对夫妇还是被捕了。

黑尔提供了关键罪证，并指控了伯克的罪行，这样他自己就能在审判后被无罪释放。伯克被判犯有谋杀罪，并在一群尖叫着"勒死他"（Burke him）的人群面前被绞死——他的罪行如此臭名昭著，以至后来伯克这个名字成了勒死或窒息的代名词。

根据法律，伯克的身体被解剖，就像他的受害者一样，只是这次有更多的观众。当人们试图进入解剖场所时，几乎发生了一场骚乱。第二天，25000人从公开展示的伯克尸体上踩踏过去。最后，他的骨骼被整理并铰接，成为爱丁堡医学院解剖收集的一部分，他的部分皮肤则被晒成深色并做成钱包。这些物品今天依然存在。

审判结束后，因为担心被害，黑尔被迫逃离苏格兰。人们群情激愤，他不得不隐姓埋名。唯一没有受到法律审判的人是诺克斯，他甚至没有作为证人出庭，更不用说被指控犯有任何罪行了。诺克斯本人对公众对他的敌意感到惊讶，并最终搬到新西兰，在那儿没人知道他与伯克和黑尔的联系。

伯克和黑尔案在当时引起了轰动，并在议会引起了关于如何规范和改善尸体进入解剖机构管理的辩论。可悲的是，这不是最后一起解剖谋杀被害者案。伦敦的几起"伯克"案件可能没有伯克和黑尔案件那样臭名昭著，但它们促成了普遍的呼声，即"应该做点什么"。伦敦附近发生的一些案件进入议会讨论，可能是推动1832

年通过《解剖罪法案》的重要力量。该法案规定，济贫院中任何无人认领的尸体都可供解剖。这终结了盗墓团伙组织。但最终被解剖的，仍然是社区中最贫穷的那些人。

伯克和黑尔的案件在流行文化中经久不衰。虽然谋杀发生在1818年玛丽出版《弗兰肯斯坦》之后，但当本书1831年再版时，这件事已深入人心。盗墓者的污名，以及像伯克和黑尔这样的杀人犯，意味着任何与解剖学校和解剖有关的东西都会被大多数人认为是可疑和可恶的。对这种做法的任何暗示，都会在玛丽的英国读者中引起真正的、切身的恐惧。

◆ ◆

18世纪和19世纪初崭露头角的许多解剖学家，除了与盗墓有关外，有一些人还对《弗兰肯斯坦》有很大影响。首先是约翰·亨特（John Hunter），他也许是这个时期最著名的解剖学家和外科医生，也是维克多·弗兰肯斯坦另一个可能的原型。

亨特努力地为他的解剖收藏有趣的标本。他自己早年曾作为解剖助理参与盗墓，他的兄弟威廉也是一位著名的外科医生和解剖学教授。当约翰·亨特在伦敦西区开办自己的私人解剖学校时，他经由盗墓团伙来获得尸体的供应。

他最著名的藏品是查尔斯·伯恩（Charles Byrne）的骨骼，它在亨特的解剖标本收藏中颇据一席之地。伯恩也被称为"爱尔兰巨人"，18世纪80年代从爱尔兰来伦敦找出路。伯恩决定让自己表现得像个怪胎。以今天的观念来看，这是个可怕的想法，但在当时，他可以通过自己非凡的身高获利，向人们收取观看自己的费用。据如今的记录，他的身高在8英尺2英寸到8英尺4英寸（大约2.5到2.6米）之间，与弗兰肯斯坦的怪物身高相似。没过多久，伯恩就从伦敦好奇的民众那儿赚到了一笔钱，但他很快开始酗酒，据说身体状况不好。亨特听到这些传言，便密切关注伯恩，留意他的健康状况是否恶化。伯恩知道这个解剖学家对自己很感兴趣，他害怕死后被解剖，于是希望海葬，这样盗墓者就找不到尸体了。他恳求一位朋友，如果自己死了，要把他的尸体保护好。不幸的是，伯恩未能如愿。

伯恩于 1783 年去世，当时只有 22 岁。葬礼开始前，一群人被雇来看守他的棺材，但护卫收了贿赂。尸体最终还是被送到亨特的解剖室。据说他花了 130 英镑[1]买了尸体。这在当时是天价。亨特尽可能快地秘密地将尸体变成一具骷髅。谨慎是很重要的，因为像爱尔兰巨人这样著名人物的尸体如果被发现，等于直接承认与盗墓者勾结，这不会为亨特的声誉带来任何好处。尽管每个人都知道他是如何获得大量藏品的，但公开承认仍然相当危险。不过，亨特对他的收藏很是自豪。在约书亚·雷诺兹爵士于 1786 年绘制的亨特肖像里，可以从右上角清楚地看到伯恩脚部的骨骼。不久，伯恩的骨骼成为亨特的核心藏品，从 1787 年开始面向公众展示。如今，查尔斯·伯恩的遗体仍在伦敦皇家外科医学院的亨特博物馆展出。对骨骼的分析表明，伯恩只有 7 英尺 7 英寸（2.3 米）高，而不是他声称的 8 英尺以上，但仍令人印象深刻。通过对骨骼和 DNA 的分析，他的高大身材由脑垂体肿瘤导致（伯恩的父母均是普通身高）。这将在第十二章中做进一步讨论。

约翰·亨特和维克多·弗兰肯斯坦还有许多其他的相似之处。两者都以惊人的强度工作，并致力于细致广泛的解剖学和生理学研究。亨特长期勤恳地教学、解剖、治疗病人，并将他的成果口述给甘于奉献又肯吃苦的助手。

据说亨特在职业生涯中解剖了 1000 具尸体，而且不局限于解

---

1　如今的价值超过 1.6 万英镑。

剖人体。他解剖了任何能解剖的动物，从鲸鱼到昆虫。[1]他还在厄尔斯宅第的家中保存了大量的活动物标本，其中包括一头放养的狮子、一头水牛和一匹狼。在他家里可以找到的奇异生物，成为他灵感的源泉。

亨特还进行了复活实验，试图将鱼和其他动物冷冻后复活。他希望拓展从动物实验中获得的知识，为人类重生找到合适的方法。对于溺水者，亨特建议使用波纹管为受害者提供人工呼吸、暖和四肢，并使用伏打电堆来复苏心脏。

亨特甚至有机会亲自测试他关于复活人类的理论。1777 年在伦敦，威廉·多德牧师因犯有伪造罪而被判绞刑。多德当时颇有些威信，民众曾发起请愿活动，请求赦免他。所有试图从绞刑架上拯救多德的尝试都失败了，于是约翰·亨特成立了一个团队，试图在绞刑后复活他。多德的尸体刚从绞刑架上被取下来后，就被带往伦敦古德街的一个房间。亨特给房间准备了温暖的火、药品和一对风箱。没有记录表明亨特和他的团队是如何试图复活多德的，他们也未能成功。尸体到达古德街之前已经耽搁了很长时间，这意味着无论他们尝试什么方法，都没有希望了。

复活多德的尝试并不像听起来那样草率。另一些人在绞刑架上被绞死后似乎确实复活了。第一个有记录的案例是在 1587 年，就在解剖刀切入一名男子胸口的时候，他从解剖台上跳了起来。不幸的是，他三天后去世了。1740 年，威廉·杜尔在解剖台上醒过来，并活了下来。由于他奇迹般的康复，他的刑罚被减刑为流放。不过，最著名的突然复活的例子发生在 1650 年牛津被判处绞刑的

---

1　据说亨特对鲸鱼的描述激发了赫尔曼·梅尔维尔创作出《白鲸》。

安妮·格林身上。

这起案件是个悲剧。格林是托马斯·里德爵士的女佣，被他的孙子勾引为情妇。四个月后，格林感到一阵剧痛，震惊地发现自己生下了一个孩子。婴儿夭折，格林惊恐地把那具小尸体藏在里德家的阁楼里，但很快被人发现。格林以谋杀罪被起诉。

格林直到站在刑台上也坚称自己是无辜的，抗议着里德家的放荡行为。刽子手把绞索套进她的脖子，把她从梯子上推下去。她吊了将近半个小时，身边的朋友和旁观者抱住她的腿，捶胸顿足。有人看到一名士兵用枪托对着她的胸部击打了几次。

从绞刑架上放下来后，格林被放进一副棺材里，这副棺材是当地解剖学家和外科医生威廉·佩蒂及托马斯·威利斯送到绞刑架旁的。威利斯将向公众开放解剖过程，这已成为流行的活动。当装有格林尸体的棺材到达威利斯的房子时，房间里已经挤满了朋友和亲戚，以及那些刚刚赶来观看这场奇观的人。但是，当棺材被打开时，格林发出了咯咯的声响。一个旁观者马上使劲按压她的胸部和胃部，直到佩蒂和威利斯赶过来接手复苏尝试。

两个人掰开了她的嘴，尽管她的牙齿已经咬死，他们仍成功将"烈性酒"灌进她的喉咙。然后，他们揉了她的手脚 15 分钟，给她放血，在她脖子的勒痕上擦松节油，给她服用含有大黄、鲸蜡和干尸碎末等的混合药物。最后，格林被放在一张床上，一个女人走进来轻轻地碰了碰她。难以置信的是，格林在承受了所有这些虐待之后，竟然睁开了眼睛。

这段时间里，越来越多的前来观看的人挤满了威利斯的房子。于是，佩蒂和威利斯让格林搬到了一个更小的房间，这样她就可以睡觉了。第二天早上，当她醒来时，她要求喝啤酒。几天后，她起床，吃了鸡肉晚餐，显然完全从她的痛苦中恢复过来。

法庭坚持要再次绞死格林，但佩蒂和威利斯介入了。他们解释说，格林生下的婴儿已经死了，它还太小，无论如何都活不下来。事实上，他们认为，格林应该得到那个酿成这一切后果的人的补偿，而非再一次的惩罚。她的幸存显然是她清白的标志。医生们的抗议成功了，格林被允许在威利斯的房子里待一段时间，在她差点儿被解剖的房间里，她躺在棺材里让公众参观，并借此收费赚钱。当她终于搬出去时，据说她带着她的棺材，"作为她奇迹般幸存的战利品"。绞刑后存活的案例听起来可能很奇怪，但所有案例都发生在绞刑后人体被很快放下来的情况下。绞刑的原理是绳索压迫气管，犯人慢慢窒息而死。受刑者会在三四分钟后失去知觉，平均10分钟后死亡，但也可能需要更长的时间。

令人惊讶的是，判定死亡是很难的，即使今天人们已普遍认可了死亡的定义。大多数国家的判定是脑死亡。在18世纪，大脑功能根本无法测量，因此临床死亡被定为心脏停止跳动的时候。不过，第一个听诊器直到1819年才发明出来，也不如现代设备精确。

在19世纪之前，微弱的心跳是很难察觉的。18世纪到19世纪初，罪犯被从绞刑架上放下来前，通常会被挂上1个小时，防止其暴起复生。他们被绞死时，朋友和家人会抓住心爱之人的腿，以加快死亡，减轻痛苦。然而，有些罪犯被认为是在解剖学家的桌子上，而不是在绞刑架上断气的。

直到1875年，威廉·马尔伍德才意识到有更好的方法来完成这一可怕的任务。将绳子紧紧地绑在脖子上，在下巴与左耳的连接点打结，并设置较长的下降长度，绳子将逐步收紧并折断脖子，压断脊柱。犯人瞬间就会失去意识，几秒钟内大脑就会死亡。正如马尔伍德所说："他们只是把犯人挂起来，而我负责处决。"

在1792年玛丽·雪莱出生之前，约翰·亨特已经去世。说到解剖，他并不是个伪君子。他清楚地知道，自己的心脏状况可能是致命的，他特别要求对自己做尸检。他希望保存下来的心脏成为自己的核心藏品。这一要求与当时的其他解剖学家明显不同，其他人经常不遗余力地保护自己的身体不受同事和对手的伤害。不过，这完全符合亨特的学习和研究精神。

在他伟大的职业生涯中，亨特会寻找自己的病人死后的尸体，这样就可以分析他此前手术的效果。这似乎很可怕，但它提供了一种评估和跟踪外科手术疗效的方式；对于其他外科医生，这种情况是罕见的，他们在完成手术后对病人的命运知之甚少。

亨特在学生中很受欢迎，受到极大尊重。解剖他的尸体在情感上肯定令人难以接受。最终，亨特的亲姐夫剖开了他的胸部，学生们伸长脖子在一旁观看。验尸证实亨特患有心绞痛，但没人按照他的要求收藏起他的心脏。心脏和他的身体一起被埋葬了。

亨特作为外科医生和解剖学家的声誉在去世后延续了很久，部分原因是他留下了不可思议的丰富解剖标本藏品。亨特的收藏于1799年被皇家外科医学院收购。如今，由于第二次世界大战期间轰炸袭击造成的损失，只有一小部分保留了下来，但在亨特博物馆展出标本的数量和多样性仍令人叹为观止。这些标本仍可作为教学和研究工具。对于任何徘徊于样品瓶和骨头之间的、潜在的维克多·弗兰肯斯坦来说，这感觉就像是孩子进了糖果店。

约翰·亨特还留下了一笔重要的文学财富。除启发了《怪医杜立德》，可能还影响了《白鲸》的创作。亨特也被称为《化身博士》（1886年出版）的灵感来源。亨特在莱斯特广场的房子实际是两栋，中间由解剖室连接。上流社会人士一般通过面向莱斯特广场的前门进入，尸体则从一个较小、较隐蔽的后门送进去。

亨特的生活和工作对玛丽的影响有多大还不清楚。她的父亲威廉·戈德温可能至少在1791年见过亨特一次，也许更多。在珀西·比希·雪莱考虑将医学作为毕生事业的短暂时光中，可能听说过约翰·亨特及其论作。雪莱曾去过约翰·阿伯奈西的解剖学讲座，我们在第三章关于生命的辩论中提到过他，他是亨特的忠实学生之一。阿伯奈西对医学的各个方面都很感兴趣，而众所周知，他对化学非常精通。他还重复了伽瓦尼对青蛙的一些电力实验。雪莱对医疗事业的兴趣非常短暂，很可能没有太多机会直接了解阿伯奈西的工作。

亨特的另一个学生安东尼·卡莱尔，是戈德温的好朋友，也是玛丽童年时期戈德温家的常客。卡莱尔是受人尊敬的外科医生，也是解剖学家，他被乔治四世国王授予了杰出外科医生的荣誉。1815年，卡莱尔被任命为解剖学教授，也是外科医生学院理事会的成员。除了在威斯敏斯特医院做手术外，他在学院的另一个身份是亨特博物馆的馆长。

1804年，卡莱尔在英国皇家学会主办的克鲁尼安讲座中，选择了肌肉运动的话题，并推测了原因。他的导师相信生物进化论，还讨论了电鳐的发电器官。他对科学有着广泛的兴趣，在戈德温家里，他会成为各类知识和奇妙故事的素材库。

卡莱尔也是早期的实验者，在阅读过伏打电堆发明相关记述的几周内，他就利用它进行了将水分离成氢和氧的实验。他的同事威廉·尼科尔森也是戈德温的朋友，尼科尔森是首位用电来分离化学元素的学者，曾在玛丽刚出生时分析过玛丽的外貌。卡莱尔和尼科尔森曾分离出许多新的元素，促成了戴维在皇家研究院的实验。

玛丽有很多机会学习如何获得尸体的部件，她把这些知识倾注在创造维克多这个人物身上。但这只是制造怪物的第一步。

# 第八章  保存

我的脸颊因学习而变得苍白，身体因囚禁而变得消瘦。

——玛丽·雪莱《弗兰肯斯坦》

收集尸体将是维克多·弗兰肯斯坦制造怪物工程中最简单的部分。下一步工作更加困难。任何一个维克多·弗兰肯斯坦（无论是真实的还是虚构的）面临的问题之一都是：人死后，尸体很快就开始腐烂。正如我们看到的，玛丽的人物对衰变过程特别感兴趣。他对生命秘密的认识来自对腐烂尸体的研究。这是最初的分解过程，被称为"新鲜"的阶段。

人类保存死后遗骸的技术已经存在了几千年。可直到最近，科技才发展到可以保持尸体状态，为未来复生做好准备。[1]维克多不断努力，防止标本进一步腐败。可他制造的怪物表明他并不总是那么成功。

到 18 世纪后期，大量保存标本的技术已研发出来。解剖学生和未解剖过的尸体越来越多，意味着保存标本作为教具的技术已

---

1  然而，目前尚无复活先例，所以我们还将继续等待，看看现代技术能否成功。

经很成熟了。不寻常的标本不必因时间紧迫而马上解剖，可以留待时间充裕时仔细研究。随着样本量的增加，可以对个体、健康器官和病变器官进行比较；对物种进化和自然选择理论具有重要意义的那些物种，还可以进行比较解剖研究。

尽管如此，要让维克多为制造怪物所收集的尸体保持适合复生的状态，仍然不太可能。人体死亡后立即开始分解的过程是很难中止的，也几乎不可能逆转。虽然18世纪的解剖学家知道，保持标本无尘对于预防霉菌和腐烂很重要，但他们对细菌理论一无所知，也无法在无菌的条件下工作。腐败难以避免。

人死后，不再有氧气通过肺吸入，呼吸和能量就无法在细胞内产生。没有能量，细胞甚至不能在体内发挥最基本的功能，任何损伤也都无法修复。在最后一次呼吸后，吸入体内的所有氧气都会被迅速代谢，而又没有能量产生。二氧化碳会在水中溶解形成弱酸（碳酸），而体内（比活着的时候）更低的pH值会导致细胞膜变得更加脆弱，最终细胞破裂并将内容物排出。

某些元素和分子在体内的特定部位会保持高浓度，这样才能正常工作。例如，神经细胞不活动时，细胞内有高浓度的钾，细胞外有高浓度的钠。但这需要能量维持。分子泵会保持分子处于适当位置，但这一过程需要能量。如果没有足够的能量，分子会扩散，化学物质就会由原本应该在的位置渗出去，弥散成均匀的分布。[1]如果分子泵没有能量把一切都恢复到合适位置，神经就不再起作用了。而如果没有氧气供应，大脑会在6到10分钟内死亡，而且不可逆转，即便在医学已十分先进的今天也是如此。

---

1　死亡后，眼球玻璃体中的钾含量稳步上升，这被作为确定死亡时间的一种方法。

人活着的时候，酶会分解自身的结构，这是体内回收无用物质的重要过程。一个例子是红细胞。携带氧气的红细胞在体内运行大约三个月后会被分解并回收。人体会不断产生新的红细胞以维持健康，这就是为什么人们可以定期献血但血不会耗尽。

在活人体内，参与分裂分子过程的酶是受控的，这样就不会破坏人体的健康结构。尸体则失去了这种控制。酶开始从内到外消化身体，这个过程叫作自溶。这些酶分解蛋白质和细胞壁，加速了衰变过程。随着越来越多的细胞破裂，它们的内容物泄漏出来并逐渐穿透身体。最终肠壁会被打破，部分消化液泄漏到肠内。

肠道有丰富多样的细菌菌落。细菌产生的酶和化学物质将化合物分解成有益的单元。这些单元被其他酶重组，并更换结构，因为细菌需要保持活力和再复制。这些反应所产生的副产品一般情况下对人体有益，因此我们与细菌有共生关系。例如，有多种细菌帮助我们分解食物，否则我们将无法消化。在人死后，数十亿的细菌细胞（人体含有比人类细胞更多的细菌细胞）并不会一同死去。只要条件合适，这些微生物菌落就会继续代谢、生长和繁殖。

人死后，当细菌从肠道中可吸收的食物耗尽时，它们开始以人体为食：蛋白质就是蛋白质，细菌不会区分蛋白质来自人类、动物还是蔬菜。当肠道里层被破坏时，由前面提到的自溶过程产生的部分消化的物质暴露在细菌环境中。食物的骤然丰富，意味着细菌数量将迅猛增加。细菌盛宴的主要副产品之一是气体。气体在人体存活时可以排出，但人死亡后，身体便进入了分解、膨胀的第二阶段。

即使在维克多·弗兰肯斯坦的时代，用简单的显微镜也可以观察到尸体早期的腐烂迹象。当细胞破裂时，组织的分解是可见的，但刚开始少量细胞的损伤很难察觉。维克多必须选择最新鲜的样本，才有希望复活他的生物。可以说，如果手上的样品已经腐烂膨胀，维克多会立即扔掉。

❦

作为形成组织乃至整个器官这样大群体的成分之一，如果细胞要恢复生命，必须在发生过多的损伤之前尽快停止衰变过程。减缓衰变过程的一种方法是降低温度。尽管酶工作起来效率惊人，但它对环境的条件非常挑剔。最佳工作温度在35℃左右，超过40℃酶就被烧熟变性，且不可逆转。在较冷的温度下，活性显著降低，但酶不会因寒冷而永久受损，它的活性会随着变暖而恢复。

有一些传说，讲述有人被困在冰冻的湖泊和溪流中一小时甚至更长时间后，奇迹般活了下来。尽管大脑缺乏氧气，但有的人会从冰冻的考验中恢复过来，因为他们的身体被迅速冷却，代谢过程放缓。这些成功案例，被应用于手术期间冷却身体，这给了外科医生更多时间来开展手术。尽管身体被冷却了，人还活着。

当进一步降低温度到低于水的冰点，就可以有效地停止人体内的任何化学反应。水是人体内大多数相互作用发生的介质，人体大约有三分之二是水。如果水被冻结，分子就会被锁定在当前的位置，不再能够移动或相互作用。

冻结身体可以解决化学分解的问题，但也会引发其他问题。水结冰时会膨胀，所以冻结单个细胞内的水会使细胞膨胀和破裂。这就是为什么手指冻伤会变黑，食物在解冻前后的质地并不完全相同。

利用现代科技可以对生物标本进行冷却和冷冻。捐献给移植手术的器官被冷却，这样可以有充裕的时间让外科医生将它移入接受者体内。较小的结构，如卵子、精子和胚胎可以被无限期地冷冻，以便之后使用。在生物结构较小的情况下，使用甘油等防冻剂可以避免细胞损伤。此外，在 -196℃ 的环境下使用液氮快速冻结生物材料，可以防止水转化为冰时产生膨胀。

长期保存较大的标本要困难得多，直至今日这仍是研究中的课题。有些人选择在死亡后把自己的头，甚至整个身体冻结起来，希望后世有知识和技术能复活自己。冻结过程在临床死亡后迅速开始。体内的水通过循环系统被化学物质取代，这些化学物质有防冻的作用，能防止冰对人体的破坏。之后会将尸体进行冷却储存。最新研究表明，为了防止损坏，储存的最佳温度是 –140℃。然而，即使采用现代技术，这种温度也不易保持。

在维克多工作的时代，人们对制冷技术几乎闻所未闻，更不用说防冻剂和冷冻剂了。直到一个多世纪后，它才成功地应用于人体组织。虽然人们知道，将易腐烂的东西进行冷藏可以保存更长时间，但在 18 世纪后期，几乎没有实用的冷藏手段，在维克多选择的实验室里几乎什么也做不了——那只是他租住公寓楼顶的一个小房间而已。

✦ ✦

解剖学校在保存标本方面也面临着与维克多同样的问题。尸体解剖会持续几天，直到难以继续。确切的可用时间取决于尸体被送来时的状况，以及解剖的季节。首先解剖最容易腐烂的器官——肠、肺和大脑，然后解剖学家会转移到其他部位。即使在这样相对较短的操作时间里，也须设计一套保存组织的方法。然而，小说里描述维克多·弗兰肯斯坦在他的生物体上工作了几个月，而且那是在炎热的夏天。

玛丽·雪莱对维克多这项工程的操作阶段做了详细的介绍。虽然我们不知道他试图缝合在一起的具体组件是什么，但文本中提供了一些线索。从纯粹实用意义上看，他决定给他的生物一个巨大的身体结构——身高达 8 英尺。如果复杂的身体结构被放大，将相对容易操作。维克多只是在解剖室或洞穴偶然发现过一个特别高的样本。他更有可能使用来自另一个物种的长骨，并将肌肉、神经和结缔组织移植到它身上。这个生物肯定是由好几个人拼接组成的，从小说中看，为了美观维克多仔细地选择了每一个部件。鉴于他的大部分材料源自解剖室，看来他一直在收集相对较小的组织，它们具有更易储存的优点。

保存人体组织的防腐方法已经存在了几千年。在南美洲发现过保存完好的尸体。这些明显木乃伊化的人体看起来就像只是睡着了，尽管他们的最后一次呼吸距今已超过五百年。更早的时候，古埃及人是防止死后腐烂的专家，而他们的知识已经失传了很多个世纪。当时，人们开发了替代的保存方法，但古代防腐者的目标与维克多·弗兰肯斯坦保存这些生物材料的目的并不相同。

埃及将人体木乃伊化的做法是为了在死后赋予灵魂力量。因此，古埃及人认为没有必要保存身体中的一切。大部分内脏被切除，只有心脏被送回身体。大脑可能被液化，这样就可以从头骨中流出去。无论这些技术在保存身体的其他部分方面多么成功，部分器官的缺失，都是对尸体本身的显著改变。而且将尸体用盐干燥，暴露在恶劣的天气里，或在烤炉中干燥，这样的操作并不适合维克多。

从文艺复兴时期开始，欧洲人对人体解剖的兴趣就与日俱增，需要在解剖过程之外保存某些标本。经过解剖后，一些标本将永久保存，作为教具，或者构成解剖标本藏品乃至好奇心的一部分。到 18 世纪，已经发展出好几种保存方法，大致可分为五类：干燥、储存在液体中、注射、腐蚀和合成。这些方法是为了显示样本的最佳优势而设计的，并根据各自保存部分的纹理、颜色和大小，来判断其有效性。

并非所有方法都适用于像维克多这样的人，他只是想把自己得到的零碎组件保存在尽可能完美的状态，直到它们复活。从这个角度来看，并非所有的技术都对维克多有用，有些方式他必须做大幅调整才能符合需要。

最古老的实用方法是干燥，对广泛的组织类型都有效。如皮肤、血管或神经等组织，被平铺到干净的干燥平板上，使之脱水。有时血管里会保留血液来增加颜色，有时会在之后涂上颜色。还可以添加酒精加快蒸发速度。如软骨可以干燥，但会导致收缩。之后还会将它再浸入水中，用以恢复原来的状态。但其他组织并不能如此容易地恢复。虽然这种方式成本低、操作简便，但干燥是最不令人满意的方法。

最成功的方法是储存在液体中。它于17世纪发展起来，并成为首选的保存方法。威廉·克罗恩是第一个向皇家学会展示这一过程的人，他展示了小狗的尸体，其中的软体部分及其他所有的部分，都可以在酒精中保存下来。1663年，罗伯特·波义耳是首位公布这一处理办法的人。

这种方法并不只是将准备好的标本装进一瓶灰皮诺白葡萄酒里，然后盖上盖子那么简单。酒精的浓度很重要。如果水过多，标本会腐烂。因为霉菌和细菌仍然能够生存并造成损害。高浓度的酒精则会扭曲蛋白质和酶的形状（这就是为什么酒精凝胶能有效地杀死细菌），它会阻止任何可能使标本衰变的酶促作用。如果酒精浓度太高，它会伤害样品本身的蛋白质，而不仅仅是杀死细菌。这可能会让标本的外观产生波纹。事实证明，蒸馏酒的浓度是最合适的。[1]

---

1 纳尔逊将军在特拉法加战役中去世后，他的遗体被放在一桶白兰地中，以确保在返回英国的航程中得到妥善保存。这件事还形成了皇家海军里的一句俗语"给海军上将开孔"，指通过吸管从木桶中饮酒。拜伦勋爵的遗体从希腊运回英国的行程中，也是保存在一桶烈酒里。

即使如此，这种方法也没有那么容易成功，标本必须精心做好准备。标本中的任何血液都会使液体变色，因此在开始阶段必须定期更换，直到所有的血液都渗出、酒精液保持清澈。对于较大的标本，必须进行仔细切口或注射，以确保酒精液渗透所有结构。当标本处于稳定状态时，容器必须小心密封，以防止酒精蒸发。但是这样保存的标本很少是完美的，解剖学家和博物馆馆长花了很多时间来补充和维护这类湿标本。

用烈性酒保存的主要缺点是太贵，必须考虑玻璃容器的费用以及烈性酒本身的价格。爱丁堡市每年为爱丁堡大学解剖博物馆分配12加仑[1]威士忌，用于保存解剖标本。也许并非所有标本都能存入标本罐，在解剖室工作的许多人会私藏一两个乳房。考虑到他们工作的环境，很难为此指责他们。但不止一个技术人员因为在工作中屡次喝醉而被解雇。不那么诱人并且安全的替代品，如变性酒精和甲醛，在《弗兰肯斯坦》出版几十年后才被发现。

如果做得好，用烈性酒保存是非常有效的。比如，倘若保存下来的大脑无法保持其纹理，详细的解剖便几乎不可能。考虑到直至17世纪，大脑才被认为是思想的中心，这并不奇怪。这个柔软的、糊状的器官，充满了孔洞，怎么能成为理性和理性思维的宝座呢？只有当意识到将大脑浸泡在酒精中会固化大脑的质地并保存大脑的物质时，更详细的研究才可能推进。大脑器官的复杂性及其作为所有神经的中枢，甚至可能是思想器官的潜力，是由于保存方法的改进才被发现的。

18世纪和19世纪用酒精配制的标本至今仍然完好。约翰·亨特收藏中留存下来的标本仍然能在杰出的亨特博物馆里看到。这些

---

1　加仑是体积单位。1加仑约3.78升。编注。

标本有漂白过的外观，因为血液已经被排出，同时受到酒精腐蚀，但它们在结构上是完整的。

第三类可供 18 世纪解剖学家使用的保存技术是注射。它有几个好处。多种液体可以通过血液或其他血管导入标本。其中，松节油既能有效地保存组织，也能使其透明，这是解剖学教授的一个利器，可以用来展示一个大样本中的结构。在《弗兰肯斯坦》中，怪物具有羊皮纸状的皮肤，透明到可以清楚地看到肌肉如何运作，这表明玛丽可能了解松节油或是干燥的技术。

还可以将融化的彩色蜡注入身体的血管并使其凝固，以此来揭示静脉和动脉的脉络。还有汞盐溶液，可以杀死任何存在的细菌，并慢慢渗透周围的组织来保存它。金属汞，有时被用来阻止样本本身的损塌，保持材料的三维结构，以便更精确地解剖。液态金属的优点是能够渗透最狭窄的血管，突出标本中微妙的结构，其毒性可以杀死任何细菌。但是，金属的重量增加了撕裂和破坏结构的风险，对任何标本来说，哪怕微小的缺口都意味着所有的汞会溢出。

将可能会腐烂标本的细菌毒性灭掉，也会在生物复活时对自身产生潜在的毒性影响。汞，特别是汞盐，对神经细胞特别有害，还会引起肾脏的问题。维克多要么发现了毒性较小的替代品来保存他的组织，要么掌握了某种方法来修复去除注射汞后造成的损害，然后再复活他的生物。

腐蚀是解剖时使用的另一种重要方法，特别是获得无肉骨的方法，这一过程称为浸渍。其他方法也是可行的，它们都有相同的目的：去除周围的所有组织，而不损害骨骼本身。上一章出现的那位维萨里，16 世纪的解剖学家，曾使用石灰和沸水去除肉质。还有些人把骨头埋起来，让肉在土壤中腐烂，或是利用昆虫来吞噬肉，把骨头剔干净。有些人简单地将这些身体部分浸入水中，并留在密封的容器（称为浸渍器）中几个月，直到组织被完全破坏。关键是容器要做到严格密封，防止老鼠或臭虫进入。在最初的几周里，水必须定期更换，以去除血液和皮肤。这一阶段过后，这些部位可以保留几个星期，直到所有软组织全部被破坏。

解剖学家需要通过浸渍器检查骨骼，而且要谨慎地选择最佳时机。所有的组织都必须解体成碎片，但也不能在浸渍器中留存太久，否则小骨或软骨等较软的结构会被破坏。之后，解剖学家要进行一项艰巨的任务，那就是在一片混沌中搜寻出所有的骨头。这还不是结束。为了进入颅骨的内部，需要将干豌豆填充内腔并整个浸入水中。当豌豆膨胀，均匀地施加在头骨上的压力会使它沿着骨缝分开。整个浸渍过程相对容易，但它留下了油腻的骨头，需要进一步清洗，才适合展示关节。需要用明矾水或粗碳酸钙反复冲洗，才能使骨头变白。

随着解剖技术的演变，保存解剖标本的技术也随之出现。解剖学家和博物馆馆长根据既有的技术探索自己的办法或再做革新。组织和骨骼的制备和保存是由专家或解剖学家自己进行的密集、费力、技术性的工作。因为这种微妙而关键的工作，非熟练技术人员是无法被信任的。这项技术是面对面传授的，是学徒生涯的一部分。来自都柏林的解剖学家和博物馆馆长通常会定期前往伦敦和爱丁堡学习新技术。

随着收藏品和博物馆数量和规模的增加，收藏标本成为一项全职工作。在爱丁堡，弗雷德里克·诺克斯被他的兄弟罗伯特·诺克斯（我们在伯克和黑尔案中提到过的著名解剖学家）雇来准备和保存解剖标本。弗雷德里克本人是一名具有专业资质的医生，一直在从事小型医疗工作，还曾当选为外科医学院的研究员。虽然罗伯特是著名的解剖学教授，但这所大学为弗雷德里克的工作所支付的酬金比给他兄弟的还要多。保存是非常专业的知识，但当时相当多的著作和论文曾公开发表，其中介绍了新的技术，这也许是玛丽的人物维克多掌握的大量必备知识的来源。能够保存并展示这些标本的人，技术无疑是非常高超的。在18世纪如此恶劣的医学环境下，这些精致而美丽的样本仍然可以在今天的博物馆里看到。

维克多的工作条件一定是让人难以忍受的，玛丽会掩饰血淋淋的细节并不令人奇怪。维克多自己对其实验品的用词是"肮脏"，这肯定是种轻描淡写的说法。维克多在炎热的夏天工作。他的实验室是个简单的房间，就在公寓的顶楼。"我肮脏的创造车间"，绝不是进行复杂而精微的解剖工作的理想地点。干燥过程需要足够的空间来铺展标本；在都柏林的大学，他们使用屋顶是因为缺乏更好的选择。在解剖室保存标本的人，会把浸渍器和干燥板放在尽可能远离他人的房间里。有些人还会专门搭起棚子，从而拥有更大的工作空间，也确保远离恶劣的气味。

不仅仅是人类注意到了这种气味。18世纪的一些解剖学家会对老鼠的到来表示抱怨。玛丽让维克多住在旅馆里，将很难阻止气味和害虫暴露他准备干的事情。但这还不是他面临的最糟糕的问题。

在一个只有蜡烛照亮的小房间里工作并不容易，也相当危险：裸露的火焰和酒精蒸气无法安全共处。除此之外，维克多还必须应付那些在实验室工作的人经常抱怨的头痛。

19世纪的解剖学家据说会有早衰、消瘦和咳嗽的问题。这不仅是由于酒精烟雾影响了他们的健康，他们使用的化学物质也会直接损害身体。经验丰富的博物馆策展人会警告新手，避免尝试要用到汞盐的方法，因为这很危险，汞盐是剧毒的。汞用于扩张血管，会蒸发并最终进入肺中；松节油会刺激肺部和皮肤。但是，与解剖材料本身的相关危害相比，这些只是轻微的不便。

对维克多健康最严重的危害风险是感染。刀的轻微滑动或手上的切口很容易把尸体上的细菌带入维克多的体内。在抗生素出现之前，这很可能是致命的。几个年轻的医学生就因为在解剖室里偶尔的粗心大意而死亡。1778 年 4 月，伊拉斯谟斯·达尔文的儿子查尔斯在解剖一具儿童的尸体时割伤了自己。当时，查尔斯正追随父亲的事业，在爱丁堡学习医学。他几乎立刻就病倒了，抱怨头痛得厉害。第二天，他开始抽搐和出血。他于 5 月 15 日去世，就在 20 岁生日的前几天。

玛丽几乎不可能有解剖或保存设施的第一手经验，但她也许听约翰·波利多里讲过相关的逸事。他是拜伦的医生，也曾住在迪奥达蒂别墅；知识也可能源自威廉·劳伦斯医生。这或许解释了她对维克多·弗兰肯斯坦制作过程的描述缺乏细节，以及他为何令人难以置信地在狭小的阁楼房间里开展这个实验。

尽管有这样的危险，解剖学的样本却在持续增加。解剖学教授们积累了大量的个人收藏，为未来的外科医生和医学生提供了宝贵的资源。上一章介绍过，英国最著名的外科医生和解剖学家约翰·亨特，以及他的兄弟威廉，可能拥有英国最大数量的收藏标本。当他们开办私立解剖学校的时候，所有这些标本都是通过在绞刑架边的残酷谈判获得的。

18 世纪 80 年代，伦敦的尸体藏品面向游客开放。即使玛丽未曾作为一名普通游客来博物馆，她也有可能通过家庭关系见过藏品，正如我们在上一章中所提到的那样。

玛丽有很多其他的机会看到精致迷人的解剖标本。伦敦解剖学校的数量之多，意味着医疗收藏的数量激增。藏品被买卖，有些形成了解剖展览的一部分，向任何打算支付入场费的人敞开大门。医学教育和解剖学家之间的划分在 18 世纪还远未明确。这些展览所吸引的观众包括外科学徒、游乐场爱好者和贵族。玛丽不会找不到机会看到瓶瓶罐罐里的组织标本。这些藏品的内容千差万别，并不局限于纯粹的医疗，甚至还包括死者的个人物品。

伽林在动物解剖方面的工作显示了比较解剖学的价值，即便他把人和动物之间的联系延伸得比应该有的要远。约翰·亨特和威廉·劳伦斯都非常重视对动物解剖的研究，亨特的收藏包括狮子、大象、章鱼等。引发医学好奇心的某些物种或者"怪物"也被列为解剖藏品。

有些实验者的步子迈得更远。18 世纪中叶，本杰明·拉克斯特罗在伦敦舰队街 197 号开设了一座解剖博物馆，里面是些奇怪的动物标本、保存在罐子里的胎儿、一条抹香鲸的关节骨架，以及蜡制成的解剖图形等。还有一个怀孕八个月的女性人体标本，用于展示血液如何通过静脉和动脉循环，以及心脏和肺如何运动。这场景一定非常惊人。他还收藏了一个带电的头冠，供访客佩戴，据说"会出现源源不断的火焰"。尽管拉克斯特罗于 1772 年去世，但他的博物馆和收藏品，仍然以各种方式保留到了 19 世纪。

尽管维克多有足够的机会了解保存的技术，也有足够多解剖标本的藏品可供研究，但他必须发挥所有的才智，才能使现有的知识满足创造生物的需要。储存和保护原材料的种种挑战，只是维克多艰难之行的开始。现在，分解和保存了所有的部件，也许还存了一些备用的，维克多已准备好进入下个阶段：把他的生物组装起来。

# 第九章　组建

也许一个生物的组成部分可以被制造出来，聚在一起，并被赋予至关重要的温度。

——玛丽·雪莱《弗兰肯斯坦》

为维克多·弗兰肯斯坦的生物，寻找、储存和保护材料，可能是他面临的最不愉快的任务，而技术方面的挑战也没有结束。即便对今天的科学家和外科医生来说，将这些碎片组装成可能复活的生物也是一项考验。有趣的是，维克多不打算复活一个现存的、完整的尸体。事实上，玛丽留下的书信表明他不知道怎么做。他预估自己或许可以复活死者，但第一步是由部分到整体组建一个生物，然后再赋予它生命。

玛丽仅仅让维克多短暂地思考过制造较人类小一些、简单一些的生物的可能，但她的人物已被热情裹挟。他的精力、对新项目的热情，让他在工作中遇到了不可避免的问题。光获得材料就花了几个月，工作时间的跨度则更长，横跨了冬季、春季和夏季。

❦

将组织和器官拼接成一个正常运转的整体并非易事。历史上大多数的手术只涉及切除身体的部分，而非重新组装它们。然而，修复手术的想法古已有之。关于鼻重建手术的描述可以追溯到公元前 1000 年，在一部名为《妙闻集》的埃及纸莎草古书中，外科医生苏胥如塔（Sushruta）记录了相关情况。这种做法起源于印度，在当时，割掉鼻子是常见的惩罚形式，许多人希望掩盖缺掉的部位，隐瞒曾犯下的不轨行为。手术方法是，将一瓣前额或脸颊的皮肤与面部分离，只留下一条小的组织连接来维持血液供应。然后再将皮瓣扭曲并缝合在缺失鼻子的位置上。同样的方式也适用于缺失的耳垂。

文艺复兴时期，阿拉伯和希腊古代文献被翻译为拉丁文，再次引入欧洲。人们由此重新燃起了对外科技术和皮肤移植的兴趣。尤其是此时再度出现了鼻重建手术的新需求。因为决斗和其他剑术争斗偶尔会导致鼻子的损伤。1557 年，博洛尼亚外科教授加斯帕雷·塔利亚科齐改进并发展了苏胥如塔修复鼻子、嘴唇和耳朵缺陷的技术，不过他使用的是上臂的皮瓣。

塔利亚科齐的《生理缺陷移植手术》被认为是第一本研究重建手术的书。其中，他描述了如何将上臂的皮瓣，一个小的桥接部分的组织，移接到曾是豁口的鼻子上。手臂必须用支架状结构固定，直到皮瓣移植到伤口上。皮瓣固定在损坏的部位后，再完全与手臂分离。

当决斗中失去的鼻子数量增加时，外科医生的做法就更加多样化了。奴隶的鼻子开始被利用并移植到主人脸部的缺口上。据当时的报道，这些鼻移植是成功的，但仅限于捐献者活着的时候。如果奴隶死后，鼻子再被移植到主人脸上，会变成坏疽并脱落。这类主题成为当时讽刺作家喜剧创作的丰富来源。

一个世纪后，皇家学会的成员开始做皮肤移植的实验，而不仅

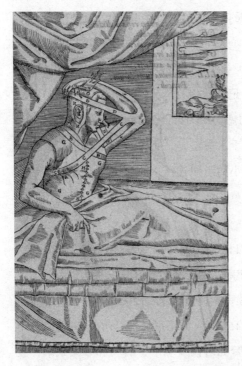

塔利亚科齐《生理缺陷移植手术》第二部插图；《鼻子整形术》，1597年，小加斯帕·宾多努姆绘。藏于维尔康姆图书馆。

仅是移植鼻子。沃尔特·查尔顿博士是查尔斯一世的内科医生，也是皇家医学院的成员，他和罗伯特·胡克一起首次在狗身上做了实验。从狗的身上移除一块皮肤，然后移植到另一个部位。然而，在他们小心地将移植物附着在皮肤上后，那只狗设法甩掉了它。皇家学会要求胡克做第二次尝试，这次对移植物的连接更为小心。但狗有自己的想法，它跑掉了。胡克对这个项目的兴趣也随着狗一并消失了。

启蒙运动时期，人们发现了移植手术面临的最大问题：组织排异现象。米兰的一位医生朱塞佩·巴罗尼奥，有着广泛的科学兴趣，包括骨再生、狂犬病和电击治疗（他是亚历山德罗·伏打的好朋友），在皮肤移植领域做出了重要的贡献。他指出，在同一身体不同部位之间的皮肤转移大多是成功的。然而，从一个生物体到另一个的转移通常不成功，特别是当捐赠者和接受者属于不同的物种时。似乎很少有人注意到巴罗尼奥。他于 1804 年出版的《动物的移植》一书详细介绍了他的皮肤移植实验，但很少有追随者。在同一物种和不同物种的个体之间进行皮肤移植的尝试仍在继续，而大多也都毫不意外地失败了。

尽管有许多失败案例，皮肤移植手术在 19 世纪还是做得越来越多。1817 年 4 月，著名的伦敦外科医生阿斯特利·库珀曾用自己的皮肤填补到另一个人手上的缺失部位。同一个世纪，英国和法国的外科医生做了更深入的皮肤移植术，通常使用的是病人大腿上的皮肤。用绷带固定或用粗针缝合的补丁，产生的疤痕一定相当大。《弗兰肯斯坦》里描述的怪物形象，身上有着粗大的针脚和深深的疤痕，可能距离实际情况——怪物由碎片拼凑而成并不太远。

所有这些皮肤外科手术都在人体浅表进行，因此这些技术的进展和成功很容易观察。然而，外科医生还没有勇气对内脏器官进行手术，更不用说尝试在个体之间移植器官了。

在个体之间转移皮肤之外的生物结构的想法，也有着悠久的历史。根据古代中国人的说法，外科医生扁鹊在公元前 4 世纪进行了第一次双心脏移植。有两名士兵，其中一名精神强但身体弱，另一名则正相反。扁鹊麻醉了这两个人，并交换他们的心脏，来纠正他们不协调的脾性。

七百年后的公元 4 世纪，圣科斯马斯和圣达米安兄弟被认为开展了首次成功的肢体移植。据说他们是颇有成就的医生，人们对其生活知之甚少，一般认为他们出生在阿拉伯。据称，他们曾拒绝放弃信仰，甚至经历酷刑也不动摇，最终被判处死刑。但事实证明，他们非常抗拒被杀。这对孪生兄弟在石刑、箭刑和火刑中都幸存下来，最后被斩首。相传，兄弟俩死后又再次出现，用一名埃塞俄比亚角斗士的下肢代替了一名罗马教堂看守人的生了坏疽或者可能得了癌的腿。移植手术前这名囚禁中的角斗士刚刚被埋进圣彼得教堂里。因此，他们被视为现代移植的守护神。

18世纪的外科医生和解剖学家约翰·亨特（见第七章）也对移植感兴趣。当他在西班牙当陆军医生时，他观察了蜥蜴，对它们如何断尾重生很感兴趣，并就此开展了移植实验。他把人类的牙齿转移到公鸡的嘴里，惊讶且高兴地看到牙齿和公鸡似乎都很健康。从动物开始，他逐步在人类对象间移植牙齿，捐赠者来自生者和死人。在亨特的书《论人类牙齿的进化》中，他论述了牙齿移植的潜在可能性。

亨特的名声和公认的专业性意味着，牙齿移植成为一种流行但昂贵的方法。人虽死了，牙齿是完好的，看起来比不合适的假牙替代品要好得多。但这并非毫无问题。

亨特建议选择年轻女性作为捐献者，她们的牙齿更小，更适合缺失牙齿留下的缺口。她们的年龄也意味着可能没有感染任何性病，虽然并不能完全保证。在了解细菌理论之前，18世纪的牙医们认为没有必要在无菌环境中工作，接受者的最大期待就是在将供体牙齿植入自己的颌骨之前，先用温水冲洗过。这些相当不充分的预防措施必将引发意外，也必然会引发一些尴尬，比如有些人在宣称自己对配偶保持忠诚的同时，不得不解释他们是如何染上梅毒或类似疾病的。不可思议的是，这种牙齿移植的做法一直延续到20世纪。

亨特没有将自己的技术局限于移植牙齿。作为更庞大动物实验计划的一部分，他把公鸡的睾丸移植到母鸡的腹部，把脚上的骨刺移植到鸡冠上。所有的捐赠者和接受者似乎都很健康。除了牙齿外，这些移植实验从未在人类受试者身上尝试过。当时的外科医生乐于做截肢手术，哪怕没有有效的麻醉剂，而患者死于休克、失血或术后感染的可能也很大。患者的头骨可能会被钻孔（一个直接钻过头骨的洞）来减轻大脑的压力，肿瘤是可以从胸部移除的，但没人认为可以在体内的重要器官上做手术。直到 20 世纪上半叶，胸腔几乎仍然是一个完全无法做手术的区域。

最接近当代外科手术的治疗始于腹部，比如结石手术：从膀胱取出小石头。最好的外科医生可以在几分钟内完成手术，而不太熟悉人体解剖的医生则会长时间对患者刺刺戳戳。也有医生做过剖腹产手术，但仅在母亲死亡后，或情况无法挽回时，作为抢救婴儿的最后手段。在麻醉、生殖理论和现代外科手术出现之前，剖腹产母亲的死亡率约为 85%。

早期潜在的移植外科医生和任何像维克多·弗兰肯斯坦这样的人所面临的最初绊脚石之一，是将非常基本、实用的器官移植在一起。在相对简单的皮肤移植术中，皮肤缝合后，小血管将通过身体内的自然生长和修复过程长好。对于整个器官来说，这是不可能的，因为向器官提供血液的血管很大，病人在血管生长和自然愈合前很久就会流血致死。圣科斯马斯和圣达米安兄弟自有神助，但直到 19 世纪，外科医生不得不用非常简单的缝线开展手术，出血和血栓的形成便十分常见。

维克多将不得不从他储存的标本中排出血液，以防止尸体分解，并需要在之后的阶段重新注入血液，这可能是复活生物的最后一步。维克多在 18 世纪后期能使用的粗糙缝合技术表明，当血液被注入体内时，可能会出现些许泄漏。然而，维克多可以使用一系列方法来阻止血液流动。

用烧红的金属烧灼可以阻止对小血管的损伤,这是早年阿拉伯外科医生使用的一种方法,他们因宗教原因被禁止切割肉体。紧急情况下,手指可以插入伤口,压住血管。血管还可以用螺旋式弯钩封住。在受损血管周围加一个 8 字形止血带,也能切断血液流动。在文艺复兴时期使用的这种方法中,止血带被留得很长,感染和脓毒症无可避免地发生时,影响范围很容易扩大。

　　血管等结构的缝合技术还需等到《弗兰肯斯坦》出版后很久才能获得改进[1],像许多其他外科医学技术的发展一样突飞猛进,因为历史上出现了一个特别暴力的插曲。19 世纪后期,法国陷入了由骚乱、爆炸和社会动荡引发的混乱中。法国总统玛利·弗朗索瓦·萨迪·卡诺当时依然很受爱戴,因此尽管有风险,他还是做了全国巡游。1894 年 6 月 24 日,当他上车时,被意大利无政府主义者圣卡塞里奥刺伤了腹部。尽管当地医生尽了最大的努力,仍无法修复卡诺受损伤的肝脏,尤其因为输送血液到器官的主要静脉被切断了。他失血过多,第二天午夜就死了。

　　暗杀事件发生后,年轻的外科医生亚历克西斯·卡雷尔受到激发,决心改进缝合技术。他从一位名叫梅·勒鲁迪耶的修女那里学到了经验。通过丝线和动物实验,他发展了"三角测量"的技术,直到今天仍在应用。他学会了分离血管的边缘,以清楚地看到缝合线。缝合是用上好的过油丝线和尖针,尽可能少地进行血管内膜缝合,以防止凝血。卡雷尔使用他的"三角测量"技术成功地缝合了静脉以及动脉,这意味着器官移植在理论上具有了可行性。1912 年,卡雷尔因其贡献被授予了诺贝尔奖。

---

1　19 世纪,在连接其他结构方面也取得了进展。一些勇于创新的外科医生通过一个扣子实现了肠段连接,伤口愈合后,扣子会自然脱落。

卡雷尔选择研究移植肾脏的可能性。选择这个器官的原因有很多。肾脏通常只有一根主要静脉和一根动脉连接到循环系统的其余部分，这意味着它应该相对容易移植并与受体的周围其他部位连接起来。人类有两个肾，只用一个肾也能过完全健康的生活，所以获得捐赠应该比心脏等其他器官容易得多。此外，任何移植的结果都可以通过分析尿量来更详细地监测。

第一例人对人的肾脏移植，是由苏联外科医生尤里·伏罗诺伊在 1933 年进行的。但由于器官排异，病人两天后就死了。第一次成功的移植发生在 1950 年，患者通过服用免疫抑制药物，存活了10 个月。早期最成功的移植是同卵双胞胎罗纳德·梅里克和理查德·梅里克。理查德与哥哥捐赠的肾脏共同生活了 8 年。肾脏移植的成功案例虽然有限，但激励了人们对移植其他器官的兴趣。

尽管中国的扁鹊明显是成功了，但很长一段时间内，没有人考虑在心脏上做手术。几个世纪以来，心脏在人类文化中占有特殊的地位。直到最近，死亡判定还仅限于当这个器官停止跳动时，才认定人体死亡。心脏是生命核心这一观念，使它在民众的意识中具有非常独特的位置，以任何方式改动它都被认为是对病人的死刑。相关的医学进展极其缓慢。

一些病例表明，心脏并不像大家想象中那么脆弱。在 16 世纪，法国外科医生安布罗斯·帕雷记述了一名男子的传说，他在决斗中心脏受伤，又跑了 230 码[1]追逐对手才突然倒下。对绞刑犯的尸检则显示，某些犯人心脏上有旧伤疤，证明它已经从之前的伤害中恢复了。

---

1　1 码等于 0.9144 米。编注。

随着麻醉剂和防腐剂技术的改进，外科医生变得更加勇敢。在20世纪初，一些先天性缺陷逐步得到修复。随着第二次世界大战的到来，外科医生被要求从心脏和主要血管周围，有时甚至在心脏和主要血管内清除弹片和碎片。但是，直到第二次世界大战后，在抗生素供应增加的情况下，心脏手术才真正得以实施。

第一例人类心脏移植手术是由克里斯蒂安·巴纳德于1967年在南非进行的。捐赠的心脏在接受者身上迅速发挥作用，病人的心力衰竭症状两天内就消失了。手术被誉为巨大的成功，引起媒体轰动。几天内，又开展了几次心脏移植。这是重大的医学进步，但并非就此一帆风顺。一位心脏的接受者路易斯·沃什坎斯基，在手术后18天死于肺炎。在早期心脏移植中，只有少数患者存活超过6个月。

20世纪60年代进行的肺移植也取得了类似的成功。不同之处在于，外科医生有动力寻找解决困难的办法。一名23岁的喷砂机操作者在1968年接受了一次肺移植。手术是由弗里茨·德龙在比利时的根特进行的，病人存活了10个月，之后死于肺炎。令人惊讶的是，尸检显示捐赠器官的损伤并不大。

肺移植以及替换肠段所面临的另一个问题是，它们持续和外部环境直接接触，而非像心脏那样是真正的体内器官。虽然它们位于体内，但呼吸和进食不断将病原体引入新器官。

器官移植自20世纪中叶实施以来，取得了重大进展。到1990年，人类共完成了785次心肺移植，一年生存率为60%。今天，肺、肝脏和肠的移植较为常见。肝脏移植特别有效，因为移植并不需要整个器官。肝脏的生长和修复都非常迅速，古希腊人在书写普罗米修斯的肝脏被反复吃掉和再生时，也许已经意识到了这一点。这意味着，人们可以从活体捐献者那里获得肝脏捐赠，一具尸体的肝脏可以移植给两个接受者。

移植手术的技术突破几乎是按月计的。最近，成功的面部、手部和子宫移植显示了移植医学不可思议的进步与潜能。不过，仍有巨大的难题需要面对。在本书写作之时，某些器官移植和手术程序仍然超出了现代手术的能力范围，但很多人对即将到来的医学进步持乐观态度。

❧ ❧

最耸人听闻也最有争议的移植，是移植人头，但据说在未来几年就会实现。这一壮举以其难以置信的复杂性，像是科幻小说里的事情，但这种移植已经在动物身上获得了相当大的成功。

几个世纪以来，人们都知道心脏停止供氧后，大脑可以在短时间内继续运转。譬如，据说苏格兰的玛丽王后在被刽子手砍下头后继续祈祷。如果心脏对生命如此重要，那么在与这个重要器官分离后，人怎么还会活着呢？在一次不逊于维克多·弗兰肯斯坦所行之事的恐怖实验中，法国医生博里厄博士决定证明这些故事是否属实，即心脏停止供应氧气后，头脑还能维持多久的意识。

1905 年，博里厄目睹了用断头台处决因犯朗格耶的过程。在斩首后的五六秒内，朗格耶的嘴唇和眼睑表现出“不规则的节律性收缩”。当眼睑紧闭，脸部静止时，博里厄大声呼喊“朗格耶”。朗格耶眼皮一抬，就好像被他的叫声分神了一样，他的目光集中在博里厄身上。眼皮又合上了，医生再次呼喊他的名字。双眼第二次睁开，眼神比之前更加专注，更有穿透力。来自博里厄的第三次呼叫显然没有被听到，朗格耶的眼睛显露出死人的呆滞神色。整个活动过程持续了 25—30 秒。

如果头部可以在没有身体的情况下继续工作，哪怕很短，那么如果它能及时恢复血液供应，也许就可以成功地移植。在 20 世纪

50 年代，苏联科学家弗拉基米尔·德米科夫把一只狗的头移植到另一只狗的脖子上。在组织排异导致死亡之前，这只双头野兽似乎活了一天左右。

1971 年，美国外科医生罗伯特·怀特成功地将一只恒河猴的头转移到刚刚被砍掉头的第二只猴子身上。实验中的猴子们存活了 6 个小时到 3 天时间。怀特认为这场手术是全身移植，而非头部移植。这些实验可能会让人们回想起疯狂的科学家操纵动物身体的故事，比如赫伯特·乔治·威尔斯的《人魔岛》。但怀特有着不同的目标。头部或身体移植有可能使四肢瘫痪的人受益，因为他们的器官往往在更年轻的时候就衰竭了。不限于一次移植一两个器官，使用整具新身体有可能延长生命。

2015 年，意大利外科医生塞尔吉奥·卡纳韦罗宣布，他打算在 2017 年进行第一次人头移植。长久以来，这种手术的主要障碍是重新连接脊髓的神经。在 1970 年，人们没有这样的选择。怀特的猴子需要获得人工呼吸的支持，因为一旦脊髓被切断，来自大脑的信号就无法到达肺部。今天，化学物质如聚乙二醇，电刺激和其他技术的发展已经展示出神经修复的前景。卡纳韦罗预测，他的第一个头部移植病人通过理疗，在一年内就可以行走。离维克多·弗兰肯斯坦野心的实现似乎越来越接近，只是有一个显著的区别：在所有病例中，移植手术时器官的接受者都还活着。

即使到了今天，器官移植的主要障碍仍是组织排异。虽然人们已经发现，自体移植（在同一身体上从一个部位移植到另一个部位）比同种异体移植（在同一物种内从基因不同的供体移植）效果更好，异种移植（不同物种之间的移植）表现最差，但造成这种不同结果的原因很久以来并未搞清楚。

不同器官以不同的速度被排异，但无论涉及的组织类型如何，急性组织排异的表现模式是相同的。即使刚开始组织似乎功能良好，但很快就会出现炎症。血管将产生扩张以增加血流量，使该区域出现红肿。长期以来，这被认为是感染或损伤的迹象，但约翰·亨特首次提出，血液涌向该部位可能是人体试图恢复组织的自发状态。随着显微镜技术的进步，科学家可以看到患者白细胞涌入该区域，但其机制尚未明确。

广义上讲，人体的免疫系统是通过将所有物质分为两类——自我和异己来运作的。身体内的细胞有微小的标识符，在细胞表面以蛋白质的形式存在，称作抗原。白血球（白细胞）在身体四周漫游，检查自己遇到的一切抗原识别受体。如果被审查的对象显示是自我的抗原，就会被忽略；如果它无法被识别，或者曾在以前的感染中被识别为异己，免疫反应就会启动，被审查对象无论是细菌、病毒还是移植的器官，都会受到攻击和破坏。

识别抗原的最著名例子是血液分型。1901年，卡尔·兰德斯坦纳博士发现了A、B、O血型系统。在红细胞中有两种抗原可以表达，从而形成血型A（第一种抗原）、B（第二种抗原）、AB（两种抗原都存在）和O（没有抗原存在）。如果一个A型血液的人在输血中被给予B型血液，接受者的白细胞检查到引入的红细胞表面的B抗原，会拒绝承认它们是自我的，进而启动免疫反应。也因此，O型血液的人被称为通用献血者。任何人都可以接受这种类型的血液，因为它没有A或B抗原来证明自我或异己，就不会被白细胞攻击。自1901年以来，人们发现了更多种类的抗原。到20世纪50年代，已知有25种红细胞抗原，而截至目前已发现了300多种。

虽然与实体器官移植的方式不尽相同，但输血可以说是最成功的移植形式。输血的想法起源于古罗马，奥维德的故事讲到"美杜莎用一种神奇的液体代替老人的血液，令他恢复青春"。然而，直到 16 世纪，任何人都没有以实用而非神话的思路来探究这一过程。

我们在第八章中提到过，罗伯特·波义耳在保存组织方面的实验，已经扩展到将器官灌入密封罐中。波义耳曾试图找到某种方法，防止静脉和动脉在血液耗尽后塌陷。他试着注射各种物质，这些物质会进入血管的末端，然后硬化以保持形状。这个物质几乎可以是任何东西，注射过程本身提供了新的可能性。那么，这种新技术可以用来把一种动物的血液注射到另一种动物身体里吗？

众所周知，血液对生命至关重要，所以也许可以注射血液以防止病人流血致死。罗伯特·波义耳和理查德·洛尔——牛津最好的医生之一，首次尝试给狗输血。他们割开一只狗的颈静脉，用一根管子连接到第二只狗的颈静脉。但是，管子里的血液凝成了血块，两只狗都死了。

1666 年，洛尔又开始了实验。这次他更加关注哈维的血液循环理论。这一回，他连接了第一只狗的动脉和第二只狗的静脉。动脉中的较高压力迫使血液通过管道进入第二只狗体内，且没有发生凝结。在给第二只狗注入新鲜血液之前，它几乎要失血而死。但到实验结束时，那只狗突然从桌子上跳下来，热情地舔着洛尔，在草地上滚来滚去擦它的皮毛。

皇家学会听说了洛尔的成功案例，便拿起接力棒，把小牛的血换给绵羊，羔羊的血换给狐狸。值得注意的是，羊幸存了下来，但狐狸死了。当洛尔在皇家学会接管输血实验后，他毫不畏惧，决定迈出大胆的一步：把血液输给一个人。被选中的对象是亚瑟·科加，一个受过剑桥教育的流浪汉，人们在教堂会众中发现了他。据说科加患有一种无害的精神错乱。你完全有理由认为人们觉得选择的实验对象似乎不太寻常。洛尔曾试图说服当时伦敦最重要的精神病医院贝特莱姆皇家医院（Bethlem Royal Hospital）——"疯人院"（bedlam）这个词就起源于这家医院——让其中一位病人出院。但医院拒绝让任何病人参加这样一个荒谬的实验。

洛尔希望注射血液能平息受试者的精神错乱，"改善他的精神状况"，因此，实验选择的血液来源是一只羔羊。他用银管连接羔羊颈部的动脉和科加手臂的静脉。科加在两次这样的输血手术中奇迹般地幸存下来。如果科加后来的行为没有让事情变得奇怪，这将是一次巨大的成功。然而科加并没有变成他们所希望的平静而理智的人，而是拿着参加实验而获得的钱喝得酩酊大醉，并大肆吹嘘他的经历。

无论如何，这个实验仍然取得了相当大的成功，也因此让更多的人探索输血在医疗方面的可能性，比如安抚疯子，或恢复老年人的活力。然而，当人类志愿者几次因实验致死后，这样的兴奋劲儿很快就结束了。就在洛尔为科加输血的同时，法国也开展了类似的实验。1667年，让-巴蒂斯特·丹尼斯也将血液从动物身上转移到了人类受试者身上，他的前两名志愿者幸存下来，可能是因为实际转移的血液很少，身体可以控制免疫反应。丹尼斯的第三次和第四次的志愿者都死了。输血在整个欧洲被迅速禁止，研究在接下来的一百五十年里实际上完全停止了。

1818年，《弗兰肯斯坦》出版的那一年，英国产科医生詹姆斯·布兰德尔成功地为一名分娩后大出血的妇女输血。捐献者是她的丈夫。两人都活了下来。布兰德尔在他的职业生涯中共进行了10次输血，其中5次有效。布兰德尔记录下他的发现，并开发出输血设备，从中获得了巨额的利润。然而，输血在医疗实践中仍然存在很大争议，因为对病人来说还是很有风险的。在兰德斯坦纳发现血型之前，为什么有些病人会死亡，另一些人则能幸存，原因一直不清楚。早期在狗身上做的实验可能会产生误导，因为狗的血液里的抗原与人类血液的抗原并不相同，前者可以在不同种类的狗之间安全地转移。

所有输血都需要一个活的捐献者，因为没有有效的储存血液的方法，血液一旦暴露于空气中就会迅速凝结。即使在身体内部，如果心脏停止跳动，血液也会因为重力迅速沉降在身体的最低点，并开始凝固。在任何时长后重启心脏，都有可能将凝固的血块引入血液循环。为了避免这一点，以及血液残留在组织中时常常发生的腐烂，维克多在制造其创造物时，排掉了生物体内的血液。

直到 1914 至 1915 年间，柠檬酸钠才被证明能预防血液储存时的凝血现象，而且加了柠檬酸钠的血可以安全输进病人体内，这为血库的发展和更多会引起大量失血的根治手术开辟了道路。20 世纪30 年代，一种可注射的抗凝血剂——肝素被发现，可以应用在手术中。于是，开放性的心脏手术可以在不会形成血栓的情况下开展了。

血液必须重新注入弗兰肯斯坦的生物，才能使它复活。尽管无法确定他是否注意到以前曾发生过的输血灾难，维克多对这一点始终很谨慎，不会将随便什么血液注入他新造的生物体内。不管是什么来源，维克多都必须使用活的捐赠者，但在《弗兰肯斯坦》写作的时代，没有人会觉得输入的血液有必要限制为人类的血液。玛丽·雪莱的作品提到"用活着的动物来激活无生命的黏土"的折磨，可能特指输血后的反应，也可能不是。

❧ ❧

与移植实体器官的复杂性相比，对维克多来说，输血相对容易。除了红细胞外，身体中的其他细胞也会表达抗原，因此器官移植的组织匹配比基本血型的匹配更为复杂。以移植的形式引入人体的人类细胞将同样接受免疫系统的检查，如果细胞外部的标记与自我使用的标记不相似，器官就会受到攻击。这是器官或组织的排异反应，也是医疗团队在移植前尽可能寻求捐献者的器官与接受者相匹配的原因。

20世纪50年代，法国血液学家让·多塞定义了人类白细胞抗原系统（特指 HLA）。到1970年，已经鉴定出11个 HLA。2003年，这一数字上升到70个；现在，已知有1000多个变体。被称为"杀手 T"的白细胞对非自身抗原特别敏感，会迅速攻击任何看似外来的东西。杀手 T 似乎喜欢攻击沿血管排列的细胞，破坏血管，从而切断移植组织的血液供应。由于极度缺血，组织看起来会发白。也许正是因为这一点，《弗兰肯斯坦》里的怪物皮肤苍白，像羊皮纸一样。

出于对器官移植的兴趣，人们开始了解抗原是如何被身体运用并构成其免疫反应的一部分，以及免疫反应本身是如何被触发和执行的。基于改善人类健康状况的直接需要，人们更好地理解了人类和其他动物保护自己免受外来生物入侵的基本过程，并发展出一门新的学科，即免疫遗传学。随着这方面医学的发展，组织匹配的技术方法也取得了进展，这意味着供体器官更有可能找到合适的受体，并形成更优的结果。

随着人们理解了免疫反应对供体组织的意义，外科医生开始寻找抑制免疫反应的方法，并"哄骗"接受者身体接受供体器官。虽然在20世纪初，已知一些化学物质可以影响兔子白细胞的产生，但直到1960年，人类才开始使用免疫抑制药物。在此之前，外科医生尝试了各种方法。

辐射被证明会破坏快速分裂的细胞，比如白细胞。第二次世界大战期间，广岛和长崎原子弹的许多受害者并非死于核武器的直接辐射，而是死于非常普通的感染。因为他们的免疫系统已无法抵御这种感染。在动物身上的实验成功后，医生对等待移植的人进行全身照射，以彻底破坏他们的免疫系统。

起初，患者直接躺在辐射束内的床垫上。但随着技术的进步，人们引入了更多的控制方式。破坏免疫系统后移植的新器官的情况比植入免疫反应正常的病人要好。但这些患者很容易遭受免疫系统受损引发的任何感染。因而，尽管器官移植和骨髓（白细胞来源）的供体品质不断改善，而且患者恢复期间严格保持了无菌环境，依然出现了很多例死亡。人们发现，感染源往往来自患者本身。在照射时体内已经存在的低水平感染，很有可能会因免疫系统的严重削弱而引发严重后果。

免疫抑制方法的发现是器官移植成功的重要转折点。免疫抑制、类固醇和抗炎药物的结合令许多移植手术获得成功。但这些治疗也有副作用和风险。随着抗免疫反应新药物的不断研发，器官移植后的治疗也在持续改善。

在玛丽·雪莱的小说中，维克多·弗兰肯斯坦把组织的兼容性推到了极限，不仅包括来自不同人体的组织，甚至包括来自动物的组织。书中除了直接描述受折磨的动物外，还有其他在组建维克多的生物时使用的动物部件的描述。这个生物身高达 8 英尺，意味着维克多可能不得不使用动物骨头。正如我们从输血实验和约翰·亨特的移植实验中所看到的，弗兰肯斯坦的科学前辈们很少考虑人和动物在生理上的兼容性。

嵌合体（人兽复合体）的历史传统源远流长。几位埃及神以人身兽首的样貌出现，而这些人兽复合体并不仅仅出现在埃及的传统故事里。印度智慧之神格涅沙，有着大象的头和湿婆神的身体。希腊神话中的半人马、米诺陶和美杜莎结合了人类与动物身体的不同部分。美人鱼和其他神奇的生物，如人头狮身蝎尾兽等，时常出现在中世纪的叙事文本里。然而到了 18 世纪，没有人真正相信这些生物中有任何一种实际存在。

人们知道，相邻的物种可以成功培育出杂交物种，如马和驴交配而生的骡子。园艺活动也展示了杂交的好处，将一种树或植物嫁接到另一种树枝上，可以产出更多的果实。而园艺学家一直都知道使用相邻近的物种对移植成功的重要性。即使如此，使用类人的动物部件组建身体也不是一蹴而就的。早期的输血实验说明了当时自然哲学家如何看待羔羊血液的积极作用：认为它可以用来镇静精神错乱患者的脾性。

然而，免疫系统能够很好地抵御来自其他物种的组织入侵。比如先天免疫系统有默认设置，即快速攻击几乎所有的外来入侵物。被称为 C3b 的高活性蛋白质与胺和羟基化学基团结合，这些基团几乎存在于每个细胞表面。这触发了进一步的蛋白质结合，并像开罐器一样在细胞膜上切出一个洞，内容物溢出，细胞死亡。我们的细胞不断受到攻击，但自身细胞在这一过程中没有被摧毁的原因是，我们有一套自我保护的防御机制。

当器官移植医生第一次尝试使用猪器官进行人体移植时，他们先用猪的心脏给狒狒做了实验。心脏被放入狒狒体内的几分钟内，它就受到狒狒先天免疫系统的攻击，而且由于猪的心脏没有类似灵长类动物的防御机制，心脏很快就变成了一团糨糊。

到了现代，人们重新开始讨论异种移植的可能性和伦理问题。如今，许多移植了猪的心脏瓣膜的人可以四处走动。这些瓣膜被仔细地处理，去除会引发免疫反应的细胞抗原，只留下细胞外材料（为细胞提供组织结构的材料）。身体的结构成分，如骨、软骨和胶原，只要剥离其抗原承载细胞，也可以安全地在个体甚至物种之间移植。

近年的动物实验已经实现从腿这样复杂的身体部分移除细胞，只留下惰性支架，这些东西可以用受体动物的细胞重新填充。还有一种解决供体器官缺乏的方法是培育人兽复合体的器官。猪是这类实验者的有力候选，因为它便宜、易于繁殖，器官大小与人类相似。在这些方式成为现实之前，需要在道德和安全方面做彻底审查。这可能是器官移植的未来，但绝非唾手可得，而且肯定远远超出了维克多·弗兰肯斯坦与其同时代人的技术能力。

鉴于人类免疫反应的复杂性和有效性，令人惊讶的是，某些器官和细胞并不会受到这一过程的影响。一些器官有所谓的"免疫特权"。眼睛、睾丸、毛囊和大脑可以在任何两个个体之间移植，任何免疫反应都不会被触发。很难解释为什么这些器官与其他器官不同，但这个事实对任何像维克多·弗兰肯斯坦这样试图将不同部位组建成一个完整生物的人来说，很有帮助。

维克多·弗兰肯斯坦的同类应该还不知道组织匹配的重要性。维克多应该能清楚地意识到，在个体之间转移有机物，无论是人类还是动物，并不总是成功的。失败的原因不得而知。但这并没有使他气馁，维克多显然没有努力去匹配组织。他取得的任何成功都纯粹是偶然的。或者，他的生物需要一个严重受损的免疫系统来接受它所构建的材料范围。这将使这种生物非常容易受到感染，即使维克多真的成功地使它复活，也不可能活过几天。

在某些方面，维克多可能更容易为他的生物构造机械部件。机械人与神秘科学有关的故事可以追溯到古代，就像我们在第五章看到的那样。文艺复兴时期，莱昂纳多·达·芬奇设计了机械人，占星家、神秘学家及伊丽莎白一世的顾问约翰·迪伊，创造了一只巨大的机械甲虫，它飞向空中，令目睹它的牛津观众们震惊不已。这个机械生物，无疑被指控与巫术和魔法有关，人们因此传说迪伊是个巫术大师。

当宇宙和宇宙中的一切都被机械化地审视时，很多人会试图创造仿生机器就不显得奇怪了。1737年，雅卡尔·德·沃康桑（Jacques de Vaucanson）用玻璃容器制作了一只具有消化功能的机械鸭子，利用化学反应消化它吞下的食物。18世纪后期，一些栩栩如生的人形自动机器被制造出来。在瑞士小镇纳沙泰尔，雅克-德罗家族制造了"音乐家""绘图员"和"作家"等机械设备。其中，"音乐家"是一位女性管风琴演奏家，有几首拿手曲目。她不是从音乐盒中播放音乐，而是通过一个特殊构造，用手指按键来发出声音。她的眼睛和头部会跟随手指运动，胸部在呼吸间上下起伏，整个躯干与她的动作达到了平衡。她是如此奇妙、也许还有点令人毛骨悚然地栩栩如生。这个瑞士家族创造的三个机械人今天仍在工作，这是卓越的工程成就，尽管这位"音乐家"并不总是表现得尽善尽美。当玛丽和珀西·雪莱于1814年私奔并穿越欧洲时，这三个自动机器人及其他机械珍品正在纳沙泰尔展出。这对夫妇在城里待了几天，他们在旅行记录中并没有提到机器人。不过，玛丽在1831年版《弗兰肯斯坦》的介绍中，确实提出了使用人工部件的可能性："也许生物的组件也是能够制造的。"

人工关节、机械心脏瓣膜和其他装置都是今天医学治疗的一部分。透析机和人工呼吸器可以发挥肾脏和肺的作用。甚至有人试图制造一颗完全机械的、可以植入人体的心脏，尽管最后遗憾地未能成功。其他合成成分，如人工血液，是目前的前沿研究。如果成功，将结束供血短缺的难题，也将使类似弗兰肯斯坦这样制造怪物的可能更接近现实。

　　尽管维克多设法克服了排异的问题，他对于在怪物制造中使用各种部件还是提出了一个有趣的问题：如此构造而成的生物，它的身份到底是什么？它是某种机器、人类、杂交体，还是一个全新的物种？

# 第十章　起电


他造了一台小型电机，展示了几个实验；他还做了
架风筝，上面连着电线，从云层里引出电流。

——玛丽·雪莱《弗兰肯斯坦》


在最不愉快也最危险的工作条件下，经过几个月的辛劳，玛
丽·雪莱的人物维克多终于站在已完工的生物面前，准备"把生命
送进无生命的物体里"。维克多如何实现这最终的关键一步，我们
还不得而知。电影《弗兰肯斯坦》中，我们记得有一个位于城堡里
的实验室，里面堆满了电力设备、冒泡的烧瓶和螺旋式上升的玻璃
器皿。在城堡外面的风雨大作、电闪雷鸣中，出现了戏剧性的时刻，
一道闪电似乎成为那必要的"生命火花"，激活了生物。而书里写
的则不太相同。

玛丽·雪莱对维克多的生物如何复活的细节说得很模糊：
"我……把生命的工具收集到身边，准备把生命的火花注入我脚下
那没有生命的东西里。""火花"通常被解释为来自机器的电火花，
或者是更常见的闪电，但至少有一部电影认为它来自火。1910年
爱迪生电影工作室制作的电影《弗兰肯斯坦》，展示了一个像融化

了的小丑一样的东西从热气腾腾的大锅中慢慢浮现出来。特效进步、预算更多和希望给观众留下深刻印象等原因，可能促使电影工作者创作出戏剧性的画面：雷电风暴和火花四溅的电力设备。

但玛丽并没有在创造之夜提到过暴风雨。暴风雨的夜晚留给了稍后的一幕，即维克多和他的生物首次面对面的时候。在复活之夜，唯一被提及的设备是"生命的工具""一些强大的发动机和'化学装置'"，而这几乎可以是任何东西。

尽管如此，可以肯定的是，玛丽暗示过她笔下的火花与电有关。1831年版《弗兰肯斯坦》的导言中提到过电疗法，还有维克多小时候看到一棵树被闪电击中后对电的兴趣，这些都是使用电作为生命火花的证据。关于玛丽用电为怪物带来生命的另一个证据，是18世纪和19世纪初人们对一切与电有关的事物的痴迷。

启蒙时期人们对电的迷恋可归为几种原因。直到18世纪20年代，电现象还不为人所知，也不被理解。在大约30年的时间里，人们进行了大量的研究，取得了惊人的成果。接下来的一个世纪里，新发现不断以惊人的速度迭出。电的力量和潜能似乎是无限的。

电实验也特别容易做出令人印象深刻、富于创造性的演示，可以娱乐大众，并给哲学家造成困惑。探索和论证的工作齐头并进。认真的科学研究和旨在娱乐的实验之间没有什么区别，这意味着电力创新领域对广泛的从业人员乃至更广大的受众开放。电力成为最受欢迎的科研领域，是科学界和民众聚会都会讨论的话题。

❖ ❖

古希腊人已经了解一些电现象。他们会摩擦琥珀，然后用它吸引羽毛、稻草和其他轻物。其他一些材料也被发现有类似的性质，但似乎没人有兴致做进一步研究，或是至少试图对此做出解释。直到18世纪初，电力知识几乎没有取得进展，但此后却迅速取得了爆发性的进步。

电力兴趣的爆发，是由弗朗西斯·霍克斯比（Francis Hauksbee）所做的一项观察引起的。他是皇家学会的负责人、仪器制造商和实验家。大约在 1705 年，他发现，如果将少量的汞引入空气泵的玻璃球中，抽走一些空气，并用布擦拭玻璃，就会产生紫色的光亮，光线之强足以用来为阅读照明。这是后来发明汞电灯和霓虹灯的起点。霍克斯比制造的光亮来源于等离子体，即剥夺了气体的原子或分子中的电子后的物质状态。这个实验的现代化身是新奇的等离子球灯，它有紫色的闪电，射向球体外部的指针。霍克斯比非凡而美丽的发现促使他进行了更多的静电实验，如我们今天所知，他开发了一些用于产生和演示静电电荷的电机。

霍克斯比的电机由一个玻璃球体组成，上面盖着一块布或皮垫，球体经由手柄转动。这将成为珀西·雪莱在牛津大学教室里保存的"电机"的基础。随着越来越多的人开始对电学实验感兴趣，基础设备的调整与改进在整个欧洲都出现了。

尽管如此，在霍克斯比之后的几十年里，人类对电现象仍然只停留在好奇阶段。对电现象的第一次系统研究是由化学家和天文学家斯蒂芬·格雷（Stephen Gray）博士开展的。他住在伦敦的查特豪斯公学，这里收留曾为国效力的穷困绅士。格雷在自己的房间里做实验，以打发退休生活。

格雷的静电实验使用的是玻璃管而非球体，他用布或皮革摩擦产生电荷。格雷观察到霍克斯比描述的光亮，此外还发现了其他反应。在用玻璃管做实验时，格雷用软木塞堵住了两端，以防止灰尘和湿气进入。他注意到，摩擦管子时，羽毛和微粒被吸引到软木塞而不是管子上。电效应不一定是静态的，它们可以从管子移动到软木塞。格雷想搞明白，这种吸引效应的有效距离。

他用象牙球代替软木（它比软木更容易吸引轻物体）附着在线圈的一端，另一端附着在玻璃管上，他发现吸引效应的范围相当远，在一次实验里，最远可超过 800 米。电不仅限于直线运动——它可以转弯。通过将阳台上的象牙球降到下面的庭院中，格雷发现它还不受重力影响。电似乎具有一些流体的特性，它可以通过合适的导体从一处流向另一处。

随着他串联的线路越来越长，格雷试图把它们吊在天花板上。然而，他发现用于形成支撑线圈的环绕金属丝，阻止了电效应从玻璃管传输到另一端的象牙球。事实上，他发现了接地现象。格雷意识到，是材料本身阻止了电流体的传输，而非回路的结构或形状。如果换成丝环，而不是金属线来支撑线圈，电力的传输就不再受影响了。

重要的是，格雷发现某些材料可以比其他材料更好地导电。通过对不同材质的线圈进行实验，他发现丝质物导电效果不佳，但粗糙的麻纤维要好得多。最令人惊讶的是，金属特别适于传导。而此前，金属被认为是非电的，因为金属物体无论被摩擦得多么剧烈，都不能产生静态电荷。之后，霍克斯比设计的电机主要采用的导体就是一段金属，通常是枪管式或类似式样，设置在离玻璃非常近的地方，便于从球体上吸引物质。

格雷试图用一切东西做电力实验，从水壶到桌布，甚至一只活鸡（看起来它胸部的电力反应尤为显著）。虽然古希腊人已经知道了一些具有电学性质的物质，但格雷已经开始将每种已知的物质分为两类——导体和绝缘体，甚至将他的研究扩展到人类。

最壮观的一次是格雷在一个男孩身上做的实验。他在天花板下面悬吊着一个平台，让男孩躺在上面。格雷所在的查特豪斯公学是一所男子学校，似乎没人介意他用一个学生做实验。这个与电绝缘的男孩被格雷的一台电机输入电流。羽毛被吸附在男孩的脸和手指上，用金属棒可以在他的鼻子上舞出火花。男孩躺在平台上，四周火花飞舞，身旁有一位科学家正激动地挥舞着手臂。如此场景，距离弗兰肯斯坦的生物躺在一个平台上被提升至屋顶以接收闪电的影视场面，并不遥远。

1732 年，在接受法国科学家拜访时，格雷演示了这个悬浮男孩的实验。法国人回去后，对格雷博士的"流体理论"极有兴趣，重复了他的实验，其中最著名的一次被称为"飞行男孩"。科学和电力演示者更进一步，创造了"带电的维纳斯"。一名女子站在玻

诺莱在目睹斯蒂芬·格雷的"飞行男孩"实验后，在法国的一个沙龙中重现了这个画面。1746 年，让-安托万·诺莱，《论身体的电》。藏于维尔康姆图书馆。

璃制拖鞋里，在观众面前被通上电，观众受邀来给她一个吻。任何胆敢接受这一邀请的人都将尝到唇部刺痛的电击滋味。面向公众的电学课程中，加入了越来越多的演示。还有些人则将其带入时尚沙龙或晚宴中，散发紫光的玻璃球，火花四溅的导体尖端，诸如此类。在装满白兰地的金属勺子上，电火花点燃了酒精。宴会客人都会对通电的餐具震惊不已。

法国科学家让-安托万·诺莱（Jean-Antoine Nollet）在普及电力方面做了很多工作，尽管他更多地视自己为一个严肃的实验主义者。他可以在需要的时候随时上演一场壮观的表演。诺莱的实验之一是，请士兵或僧侣们手拉手站成一排，对他们通电，让他们同时跳起来。虽然实验表明人类能够导电，但这些规模壮观的演示，主要是为了给他的皇室见证者留下深刻的印象，而非做出一些深刻的科学探索。

了解过这些，再看托马斯·杰斐逊·霍格描述的珀西·雪莱在大学房间里的场面——雪莱站在一张连着电机的玻璃脚椅子上，头发乱飞，火花乱舞——也就不再那么令人惊讶了。我们也很容易能想到，电影制作人是从哪儿找到了关于维克多·弗兰肯斯坦实验室的灵感。

❧

尽管电力实验多种多样，但由于电不易储存和运输，当时能取得的成就很有限。必须根据需要转动电机上的手柄才能产生电荷，这是一个通常由助手或仆人进行的艰苦过程，这样实验者方能自由地操纵主导体并进行相关实验。

人们还需要另一个里程碑式的发现。1745 年，当波兰的埃瓦尔德·冯·克莱斯特（Ewald von Kleist）用一个旧药瓶和一个钉子来收集电流时，历史性的场景出现了。他声称，实验产生的冲击可以令小孩们双脚离地。但他的设计细节极度保密，以至于没有其他人能复制他的结果。直到莱顿大学的教授彼得·范·穆森布鲁克（Pieter van Musschenbroek）决定尝试用瓶子装电时，这个实验才广为人知。

穆森布鲁克在瓶子里装了一半水，用霍克斯比电机衍生物产生的静电充电。当他不小心摸到瓶子里突出的电线时，完成了瓶子内外的电路闭环，受到了强烈的电击。他吓坏了，这一经历促使他警告人们这一发明很危险。

然而，似乎很少有人注意到穆森布鲁克的警告。很快，每个人都在用旧瓶子和电线构造自己的莱顿瓶。珀西·雪莱小时候用来吓妹妹的，可能就是一个自制的莱顿瓶。之后，原初的设计被改成瓶子内外都用金属缠绕的最终式样——人们发现水不是必要的。瓶子装在电机上，与金属衬里接触的电线被用来"填充"或"装载"（一个从军事术语中借用的词）电力。瓶子里储存的电可以保持数天，还可以从一处移动到另一处。而且只要电线不接触另一个导体，电荷就不会减少。这些瓶子甚至可以用巨大的阵列或"电池"连接起来，提供更强大的冲击（另一个借用了军事术语的词）。然而，送进瓶子的电量只能通过限制电机手柄的匝数来非常粗略地控制。确定瓶子中积聚电量的唯一方法是放电，感受电击威力的程度，或是测量它发出火花的长度。

无论如何，莱顿瓶显然很有效。改进的设计将瓶子的电容量提高到危险的水平。一名实验者不小心碰到了一个带电莱顿瓶的电线，他被抛到房间另一头并昏倒了。当他醒来时，房间里有一股强烈的硫磺味，实验者确信他召唤了魔鬼。他发誓余生再也不用莱顿瓶，并建议其他人也不要用。但人们对新设备的热情并未减弱，其制作的便利性也意味着很多人都有机会亲身体验到这个效应。几位实验者描述了身体偶然接触莱顿瓶后的一些较小的影响，包括流鼻血、胸痛、暂时性瘫痪和头晕。

莱顿瓶的威力足以熔断金属，或是将多层纸张炸出孔洞。电作为一种似乎没有实体的物质，为何能产生如此巨大的力量，令当时的自然哲学家很是困惑。装满电的莱顿瓶的重量，并不超过一个空的莱顿瓶。尽管电在许多方面表现得就像一种流体，但实验者对这种流体如何能迅速地传播十分困惑。电击可以传到很远的距离，显然在瞬间就能穿过长达几英里的地面或河流。此外，一些带电物体互相吸引，而另一些则互相排斥。电究竟是如何区分这些物体，显示这种截然相反的现象的呢？

自格雷在 1729 年的第一次电力实验以来，短短 16 年内，关于电现象的知识从好奇心发展到了研究传导、感应现象，乃至发明出第一个电容器。相关研究持续地以令人意想不到的速度飞快发展。一千多年来几乎没人注意过的东西，突然间到处都有科学家在研究。然而，实验者越广泛地研究电现象，发现的问题就越多。

我们现在所说的静电，当年在整个欧洲和美国都在被如火如荼地研究。比如，两个物体经由摩擦，带负电荷的电子将从一个物体的表面转移到另一个物体，形成一个表面带负电荷（因为过量的负电荷）的物体，而另一个物体表面则带正电荷（因为缺少负电荷）。至于哪个表面成正，哪个表面成负，取决于每个表面的相对性质。当 18 世纪的实验者发现一个物体表面呈现正或负电荷，取决于曾用什么来摩擦它时，他们产生了很大的困惑。今天的孩子们，会摩擦气球来把它们贴在墙上，或用静电使他们的头发倒竖来取乐。而在 18 世纪，这些事情都是尖端的科学研究。严谨的科学家们会花上几个小时让自己的长袜在黑暗里闪闪发光。他们看着自己的长袜贴在镜子和墙壁上困惑不已，还想知道为什么一双黑色的长筒袜会互相排斥，但是一只黑色和一只白色的长筒袜会飞向对方，粘得紧紧的。

　　法国科学家在目睹了格雷的电力演示后，接过了电力研究的接力棒，发展出一种新的电学理论。查尔斯·弗朗西斯·德·西斯特奈·杜菲（Charles François de Cisternay du Fay）将格雷的流体理论扩展为"两种流体"理论，来解释吸引或排斥现象。一种电气被称为"玻璃体"，因为它是在玻璃和羊毛等物质上形成的；另一种则被称为"树脂体"，因为它是在琥珀和纸张等材料上形成的；科学家们编制了越来越长的树脂体物质和玻璃体物质清单。

　　杜菲的两种流体理论只解释了吸引和排斥，无法解释当时最大的谜题：莱顿瓶是如何工作的。尽管瓶子里显然是储存了电力，并能发出电击，但没人可以解释这是如何产生的。人们需要一种新思路来解释这个问题，这一任务是由本杰明·富兰克林完成的。

　　本杰明·富兰克林，出版商、作家和政治家，在朋友彼得·科林森的帮助下，成为电力方面最重要的权威之一。从地理上来说，富兰克林与18世纪上半叶在欧洲热火朝天的电力实验相隔万里。然而，有关电力现象的新闻也传到了美洲大陆。1743年，阿奇博尔德·斯宾塞在美国参观了英国殖民地，并进行了一系列关于自然哲学的讲座，其中就包括电力演示。本杰明·富兰克林听了讲座，被新科学深深吸引。他写信给伦敦的科林森，请求给予更多的信息。

　　科林森是一名植物学家，也是皇家学会的成员。他与世界各地的科学家都保持着密切联系，并向学会推介他们的想法和发现。他与美国的植物学家频繁联系，与他们交换种子、植物，以及关于殖民地作物和种植的想法。

　　1745年夏天，富兰克林住在费城时，从科林森那里得到了一根玻璃管。同一个包裹里还附了一篇文章，题为《关于德国电学重大发现的历史记述》。这篇文章宣称，电学研究自1743年以来大为流行，并热情洋溢地列出了一些发现："电加速了水在管道中的运动，加速了脉搏的跳动。人们希望能从中找到一种治疗坐骨神经痛或神经麻痹的方法。"文章同时还描述了一些壮观的表演活动，用以展示这种神奇的物质。"有人能相信，一位女士的手指、她的鲸骨衬裙，可以发出真正闪电的光亮，她迷人的嘴唇可以点燃一座房子吗？"富兰克林立即被这个新玩具迷住，很快就用玻璃管以及自己设计的装置和实验，演示出电力现象。

在莱顿瓶发明一年后的1746年，富兰克林知道了它，他对电的兴趣从娱乐转向了更严肃的科学实验。到那年冬天，富兰克林亲手做出了莱顿瓶，发现它产生的效果比用玻璃管取得的任何效果都更令人印象深刻。兴趣爱好由此变成了一种痴迷。

富兰克林在电学方面的许多发现，都在欧洲实验者的相同发现之后。但欧洲与美国之间的通信，速度很慢也很少。这种信息孤立也许给了富兰克林以新方式思考电能的自由，不必遵循欧洲科学界迅速达成的公约。他为这个当时还极度匮乏的学科确立起清晰的说明，并确立了电学的一些基本原则。

富兰克林对流体电理论有了一个激进的新解释。他提出，电不是两种流体而是一个，它弥漫在所有的材料中，是过量流体的积累或损失产生了电效应。在电流一直处于平衡状态时，什么也观察不到。但是正的或负的电荷总量，可以解释实验者观察到的许多现象。莱顿瓶的工作原理是，瓶子的一侧积累了过量的电流，而另一侧损失了一些。当两侧连接时，冲击是由电流移动以恢复电平衡所引起的。

此外，莱顿瓶的形状并不重要。虽然它最初被设想为流体的贮存器，却并不需要特定的形状，因为只有两个分离的金属表面才是重要的。为了证明这一点，富兰克林用金属覆盖了平板玻璃的两侧，并成功地以与莱顿瓶相同的方式给它充了电。他的发明被称为"富兰克林正方"或"魔力正方"，是另一种电力仪器。欧洲和美洲殖民地的实验者也开始不断效仿。

仅就这些贡献，富兰克林就将被视为一位伟大的科学家。但他的工作更进了一步。他最著名的实验是在玛丽1818年版的《弗兰肯斯坦》中提到的："他还做了架风筝，上面连着电线，从云层里引出电流。"这一引用在1831年的版本中被去掉了，取而代之的是对电疗法的详细说明，这是一种利用电来刺激死亡物质的方法，我们将在下一章中全面讨论。

富兰克林的风筝实验作为一个经典而简单的实验，在历史上长久流传。它证明了闪电其实只是比实验室电效应更大、更自然的形式。有些人已经注意到闪电现象和由电机产生的电火花之间的相似之处，但富兰克林详细介绍了闪电与电相似的十几处地方，反之亦然。最重要的是，他是第一个通过实验证实这一理论的人。

稍令人失望的是，富兰克林可能并未亲自进行实验。他应该很清楚其中的危险。众所周知，闪电能杀死动物和人类。当富兰克林不小心接触到莱顿瓶的放电时，他曾亲身经历了电击的可怕效应。这个带电的罐子显然能在感恩节杀死一只火鸡，他明显已经知道瓶子是可能致命的。这种身体和意识的双重经历，足以阻止富兰克林亲自进行他伟大的闪电实验。

富兰克林在1749年写给伦敦皇家学会的一封信中描述了他提议的实验。他是第一个注意到电似乎能被尖端状物体吸引的人。他建议举起一个高杆，在顶部放置一个锐利的尖端，以吸引闪电；然后，用另一种导电材料靠近这根杆子，看看能否产生火花。这一建议于 1752 年被法国的实验者采纳了。

在法国北部的瓦兹河谷，托马斯-弗朗西斯·达利巴尔（Thomas-Françios Dalibard）竖起一根 40 英尺长的金属杆，放在三个酒瓶支撑的三条腿的凳子上，等待暴风雨。由于一个人也没来，或许是厌倦了等待，达利巴尔离开了实验场地，让科菲埃负责，并明确地指示他如果风暴出现，要如何做。

1752 年 5 月 10 日下午 2 时 20 分，闪电击中了杆子。科菲埃立即跑到杆子边，设法擦出火花。科菲埃派人去找当地的牧师，后者将被视为如此不可思议的实验的可信证人，一小群人开始围在实验场地周围。当观察到闪电，牧师冲向实验现场时，有些人还以为科菲埃丧命了，牧师要举行最后的仪式。人们没有受到冰雹的影响，围观的人越来越多。当牧师到达时，科菲埃成功地从柱子上擦出了火花，直到暴风雨停止。庆幸的是，实验过程中没有人受到伤害，这鼓励了欧洲其他国家开展类似的实验。

富兰克林并不知道在法国发生过什么，一个月后他尝试了这个实验。他选择了一种与他在给皇家学会的信中提出的不同的方法。而正是他的版本，而非达利巴尔和科菲埃在法国更早的成功实验，在历史上流传了下来。对富兰克林实验的最详细描述，来自普利斯特里的著作《电力的历史和现状》（稍后还会更多地谈及这部著作）。富兰克林并没有留下他最著名的实验的第一手资料，导致有些人认为他可能要隐瞒什么。

考虑到这种实验显而易见的危险性，有人建议富兰克林找别人拿风筝线。一种可能是富兰克林的某个奴隶承担了这项任务。根据普利斯特里的描述，1752 年 6 月，富兰克林和他的儿子决定将风筝放入雷雨云层中。富兰克林用一块手帕和几根棍子制成了风筝，在风筝顶部贴上了一个金属钉和一根长长的麻线，在底部悬挂了一把钥匙。风筝的线是用绝缘丝线做的。

尽管带电的云彩不断掠过头顶，父子俩却因为明显的失败而渐渐灰心。就在他们要放弃实验时，富兰克林注意到麻线上的细毛扬起来了，这表明它们被电击中了。雨水可能浸湿了线，足以让一些电流流过它。富兰克林用指关节靠近钥匙，满意地感到一阵电击。闪电被证明为一种电现象。

对风筝和金属尖端的成功实验，令富兰克林提出使用金属棒来保护建筑物免受雷击，方法是在建筑物的最高点上方竖起一根金属棒，连接金属棒的另一头导入地面或附近的水中。他由此发明了避雷针。最初，人们持怀疑态度，甚至引发了一场争论，焦点是圆头（由英国人提出）是否比尖头（由富兰克林提出）要好。约翰·亨特，第七章提到的解剖学家、富兰克林的朋友，是英国第一批在自己的伯爵住宅上添置避雷针的人之一。

18世纪，人们很清楚闪电会杀人。1666年5月，第七章提到的牛津外科医生托马斯·威利斯有机会解剖一名在河上的船里被闪电击毙的男子。威利斯能把拳头穿过闪电在那个男子帽子上留下的洞。男子的裤子被撕裂，扣子也被打掉了。

直到第二天晚上，威利斯和他的朋友们才开始解剖，那时尸体已处于相当糟糕的状态。由于意识到自己可能永远不会再得到这样的机会，他们无视恶臭，坚持解剖。受害者的皮肤很有特点，躯干上可以看到斑点和条纹，有些地方看起来像被火烧焦的皮革。但烧伤没有到达皮肤深层。外科医生发现，最令人惊讶的是没有内脏受到损伤。闪电是如何击毙受害者的，仍然是个谜。

在富兰克林的实验之后，人们对大气电流的兴趣激增，解剖学家有更多的机会了解闪电如何使人毙命。欧洲各地的电学家们冒着极大的风险去寻找更多关于闪电和大气电流的信息。为了捕捉这种神秘的现象，人们在花园里立起金属尖刺，在草坪上挂着电线，连进家中。

彼得堡大学的乔治·威廉·里奇曼教授在他的实验室里建立了一个复杂的玻璃球和电线系统，通向室外的露天环境。1753 年 8 月 6 日，他正站在仪器前做检查，闪电击中了它。他立刻倒地不醒，没能抢救过来。对他身体的检查显示，他的额头上有一处痕迹，表明了闪电击中的地方。他的鞋被撕裂了，那可能是闪电离开的地方。但他脚穿的长筒袜仍然完好无损。他背部的皮肤有烧焦的皮革状的外观，在他的夹克上发现了燃烧的条纹。然而，他的内脏没有损伤的迹象。

闪电是非常强大的。它可以携带 15 万安培，数千万伏，以及难以置信的热量（高达 2.8 万℃，甚至比太阳表面更热）。但人类不是很好的导体，比起其他形式的电击，一个人更有可能在雷击中幸存下来。闪电的时长极短，仅存在几毫秒，因此发生破坏的时间，比人们接触铁路上的高压线的时长要短得多。

雷电有三种方式可以造成伤害：电流通过身体造成直接伤害；雷击的热量引起的烧伤；以及闪电产生的冲击波，或被雷电加热的肺部气体快速膨胀引起的器官损伤。身体里有两个特别脆弱的部分，一个是心脏，它可能因流经的微小电流而停止跳动；另一个是大脑延髓呼吸中枢，它负责控制呼吸。

在 17 世纪和 18 世纪，闪电受害者的身体损伤是很典型的。皮肤烧伤，但内脏器官几乎没有损伤。汗液是比皮肤本身更好的电导体，汗液中水的快速加热会导致灼伤。可能是里奇曼教授充满汗液的袜子，被从身体上掠过的电流迅速加热，导致水分在紧贴着脚的鞋里快速蒸发，并撕裂了鞋子。

即使只有一小部分电穿透身体，也会阻止心跳或呼吸。在心肺复苏法发明以前，受雷击的人非常不幸，几乎没有机会活下来。雷击致死的比例大概是，每当一个人死于闪电，意味着还有 10 到 20 个人能够幸存。有些人可能会毫发无损，但另一些人可能会受到严重的伤害，并遭遇持久的健康问题，从视力恶化到耳鸣、抑郁、头晕和疲劳。我们并不知道为什么个体有如此大的不同。总的来说，使用闪电给维克多的生物带来生命，似乎是一种并不可靠且危险的方式。

闪电是由云层放电引起的，因为带正电的冰晶会上升，并从带负电的水滴和冰丸中分离出来，这些水滴和冰丸会沉入云底。这与 18 世纪用在跳线或静电机上摩擦的气球上的电荷分离相同，但规模更大。云的负基在地面上产生一个正电荷，由中间的绝缘空气隔开（与富兰克林正方相同的原理，相反的电荷由一片玻璃隔开）。当电荷差变得太大（大约 1 亿伏），空气无法保持它们之间的距离时，闪电以每秒 96000 公里的速度到达地面，以纠正这种不平衡，它携带的能量足以为一个小城市照明数个星期。

闪电将沿着地面阻力最小的路径前进，经常会击中高楼或树木。当树皮中的水分变成过热的蒸汽时，集中于这么小的区域的巨大能量，可以撕裂建筑物或树木。难怪年轻的维克多·弗兰肯斯坦会对一棵被闪电摧毁的树印象深刻。

证明闪电只是另一种形式的电，似乎只是增加了它对 18 和 19 世纪自然哲学家和电学家的吸引力。珀西·雪莱完全有理由期待，后世会利用闪电的力量作为能源。全球范围内，每时每刻都在发生大约 800 次雷暴，平均每天大概发出 400 万次雷击，这似乎是一个明显的电能来源。但是，闪电何时何地会袭击的不可预测性，以及在人们利用它之前储存能量的困难，使得这些想法有些不切实际。

如果电能解释闪电，它还能解释什么？事实上，即使在没有风暴的情况下，人们也能在大气中检测到电能。这一事实让人们推测，这可能是其他大气现象的原因，比如北极光，有些人甚至试图解释地震是由类似雷击等电力过程引发的。

电现象和闪电是奇妙的盛景，这是毫无疑问的。但在18世纪末，人们为无法应用电而十分沮丧。雪莱被闪电迷住了，上大学的时候，他热情地和朋友托马斯·杰斐逊·霍格谈论起它。他预言有一天，人们会出于某种用途，将闪电的巨大能量从云层中抽取下来，用于推动社会进步。但在当时，没人能够成功把任何来源的电能变成有用的东西。

电的应用的一个可能是医学领域。几乎在18世纪上半叶人们探索电的同时，它在医学上的潜能就被发现了。电击的感觉清楚地表明了对身体的影响，也许这种影响可以很好地被利用。几乎可以肯定的是，起初人们是出于好意进行实验，但很快就演变成骗术和彻头彻尾的欺诈。法国和意大利的医生声称用电来治疗麻痹和头痛，可以产生令人惊讶的疗效，但似乎没人能够在这几个人的实验室之外复制这种效果。当诺莱特出发去意大利的时候，这种治疗在他身上没能产生什么作用。

从感冒到肺结核，几乎每种能想到的疾病都有电击疗法。大多数的成功案例是瘫痪患者，但即使在这个领域，效果也各不相同。本杰明·富兰克林自己用电治疗瘫痪病人，但没能治愈。治疗方法通常包括给病人通电，并在患处引发火花，或直接对瘫痪的肢体施加电击。每天的重复治疗下，许多人声称有所改善，但只是在治疗期间，治疗停止后会再次发病。其他人则声称有更多的治愈奇迹。

与当时的许多其他医疗方法一样，电的使用实际上是无效的。尽管有些患者有所好转，但原因并非电疗。这些疗法最好的情况也只是造成怪诞可笑的结果，最坏的结果则是可怕的。然而，总有一个人能将事情搞到可笑的极端。就电疗来说是苏格兰人詹姆斯·格雷厄姆（James Graham），珀西·雪莱父亲的熟人。

格雷厄姆参与了一系列的健康时尚活动，比如土浴，用土把人埋到脖子。不过，"健康圣殿"是他最辉煌的荣耀。鼎盛时期，健康圣殿每天吸引来 200 多名病人，希望恢复他们以前的生殖能力。该酒店位于伦敦时尚的蓓尔美尔街，于 1781 年开业。它有许多装饰华丽的房间来接待付费顾客，房间装饰着衣着暴露的女性图画。那些婚姻遇到困难，且能够负担得起高昂费用的人（每晚 50 英镑，今天约价值 7000 美元）可以享受到"天空之床"那如今看来令人生疑的效用。这张装饰精美的床上装有罩棚和镜子。柔和的音乐，刺激的香味，穿着白衣裙的纯真处女在病房里诱惑着病人。黄铜棒从两个巨大的莱顿瓶中充电，并将电导向一条火龙。尽管有贵族阶层的赞助者支持这项事业，格雷厄姆还是于 1784 年破产了。

因为很少或根本不了解电是什么，以及它是如何作用于身体的，所以在当时，电疗法没有取得什么成功也不足为奇。值得注意的是，尽管结果如此糟糕，人们的兴趣还是持续了很久。尽管有些人声称医疗结果令人怀疑，但显然对身体还是产生了某些影响。在化学和机械刺激物停止作用后很久，电击下动物的肌肉仍能发生抽搐，无论它当时是死是活。电与身体之间的作用还是有独特之处的。这样的实验将使玛丽·雪莱和她的人物维克多·弗兰肯斯坦在制造生物时，可以有足够的思考空间。

对电现象的认识发展得如此迅速，以至于约瑟夫·普利斯特里在 1767 年就能够写出一部电学史。在该领域第一次真正的系统实验后不到 40 年，普利斯特里关于电力的开创性著作《电力的历史和现状》就广受欢迎，并出版了多个版本。在他的书中，从古希腊时代到第一次现代电学实验只占了全书 700 多页中的 14 页，充分显示了 18 世纪之前，人们对这个专业的兴趣是多么少。

约瑟夫·普利斯特里，他在今天更因发现氧气而闻名（见第六章），是一位生活在英格兰西部的博物学者，也是月球协会的著名成员。他出生在一个政见迥异的家庭，一生都持有强烈的激进观点，是法国大革命的支持者。普利斯特里的兴趣涵盖了神学、哲学、科学和教育，同时也被认为是第一批电力专家之一，一生出版过 150 多部作品，涉及政治、宗教及科学主题。他 1766 年才开始从事电力研究，就在出版《电力的历史和现状》一年前，他对这一主题的热情和付出，令他很快就被公认为该领域的专家。他同时代的许多人都称其为电学家（electrician），这是本杰明·富兰克林在 1751 年首创的一个词。

普利斯特里的著作非常受欢迎，政治观点则很有争议，并导致愤怒的暴徒摧毁了他的实验室。普利斯特里在英国媒体上饱受嘲讽。不过，当他在英国待不下去时，法国人给了他公民身份。由于观点相通，普利斯特里和威廉·戈德温自然成了朋友。玛丽从未见过普利斯特里，因为他在 1794 年移居美国，在那儿一直待到 1804 年去世。不过她很可能从父亲那里听过他的许多新颖想法。

普利斯特里忠于他激进的启蒙思想，希望尽可能多的人从新的发现和科学进步中受益。他的著作是为了鼓励听众自己参与研究探索。《电的历史和现状》强调了自行开展实验的方便性，并提供了关于设备如何制造，以及在何处购买最好或最经济原材料的精确细节。普利斯特里大力宣扬电力演示的表演性，并热情地记录了电力现象的有趣之处。人人都能以最小的成本进行实验，这意味着几乎每个人都可以成为这样伟大经历的一部分，普利斯特里对科学的这一点尤为津津乐道。

书中，普利斯特里清楚地概述了当时还无法解释的电现象，并鼓励他的读者与他沟通新的发现和理论。当时，还有很多东西需要发现。即使树脂电和玻璃电之间的差异已经被精简到只是一个单一的承载着丰富的（正）或匮乏的（负）带电流体，但带电物质究竟是什么，人们对此仍然没有共识。此外，自然电和人工电仍然有区别。由机器或摩擦一块琥珀产生的电被认为是人工的。在闪电中看到的电显然是一种自然现象，甚至抚摸猫产生的静电也被认为是自然的，因为它起源于生物。虽然它们都出现了电现象，但没有人能完全肯定自然电和人工电是一回事。而某些动物似乎自身就会引发电击，这更让人迷惑了。

古希腊人知道，某些鱼以拉丁文命名为"鱼雷"，意为"麻木"或"瘫痪"，可能产生刺痛的冲击，使四肢痛苦而麻木。非洲的鲶鱼能产生冲击是众所周知的，而南美的"颤抖鳗鱼"（以它们对人体产生的影响而得名）在16世纪南美被殖民时就引入了欧洲大陆。但直到18世纪，人们才将这些鱼和电击建立起联系。

约翰·沃尔什在1772年进行的实验表明，电鳐产生的冲击本质上是带电的。然而，沃尔什无法在电鳐身上产生电火花，这在一些人心中留下了疑虑。直到1776年，沃尔什才对从圭亚那进口的颤抖鳗鱼进行了实验。在适当的条件下，这些鳗鱼可以产生电火花，这是由于鳗鱼产生的电压（约600伏）比电鳐（约50伏）要高得多。

电鳐的样本被保存在白兰地酒里运到英国，让约翰·亨特解剖它们，探索其中的奥秘。他在鱼的体内发现了似乎由圆盘状单元组成的列柱，这些单元由大量的神经紧密相连。解剖发现凸显了神经在活体内传导电力的重要性。鳗鱼和电鳐体内发电器官（现在被称为亨特器官）的物理外观，对后来亚历山德罗·伏打发明著名的电力装置——伏打电堆产生了重要影响。

在某些例子中，电显然在"动物机体"中可以发挥作用，但这带来了更多的问题。首先，鱼怎么能发电呢？鱼怎么能在自己不被电的情况下，产生能击倒甚至杀死其他动物的电击呢？

当维克多·弗兰肯斯坦离开家去因戈尔施塔特大学学习自然哲学时，电学研究的状态可谓问题远远多于答案，任何人都有机会在这一领域做出重要贡献。

18世纪的最后几十年里，电学研究中出现了大量的活动，带来了另一个伟大的科学进步，就这一领域来说是地震级的、影响深远的，那就是电池的发明。它起源于人们对电促使肌肉收缩的好奇，并带来了历史上最大的科学冲突之一，顺带引发了如《弗兰肯斯坦》中讲的复活死者的可能性。

# 第十一章　复生

我把生命的工具收集到身边。

——玛丽·雪莱《弗兰肯斯坦》

18 世纪开始发展的电学理论和设备，让维克多·弗兰肯斯坦这样的人物很感兴趣，可以应用于他的造人实验中。然而正是这个世纪最后 20 年里的研究，使当代读者认为《弗兰肯斯坦》似乎有点太接近现实了。

18 世纪，人们对电的兴趣激增，这推进了大量的实验和观察。实验者研究方式的多样性甚至随机性，让产生的问题远多于答案。随着自然哲学家们逐步专注于探索电力现象的某个具体方面，更系统的研究开始了。

在人类和动物身上的实验显示出惊人的结果——肌肉的无意识运动，治疗耳聋，甚至起死回生。解剖学教授伽瓦尼感兴趣的是电的生物学方面，他自己设计了这一领域的详细研究方案。他广泛的研究发展出了有争议的"动物电"理论，引发了与另一位意大利教授亚历山德罗·伏打的争论。

伽瓦尼和伏打之间关于动物电的辩论的重要性不容低估。这两位科学家的发现产生了巨大的影响，虽然争议已经解决，但他们的研究一直到今天依然影响深远。

从1791年辩论爆发的那一刻起，它就成为每次哲学和时尚聚会上的热门话题。二十多年后的1816年夏天，雪莱、拜伦和约翰·波利多里在迪奥达蒂别墅仍在讨论这个问题。

这一切始于1780年，当时博洛尼亚大学的解剖学教授伽瓦尼开始了一系列关于青蛙的电学实验。最初是为了了解电对肌肉收缩的影响，最终却产生了新的生物电学科。伏打反对伽瓦尼的理论，最终促成了电池的发明，和另一个全新的科学分支——电化学。在最黑暗的时刻，这场争论促使人们在被处决罪犯的尸体上进行大功率的电学实验。

路易吉·阿洛伊西奥·伽瓦尼出生于意大利博洛尼亚一个兴旺但并非贵族的家庭，而他是家里负担得起上大学费用的孩子。1755年，伽瓦尼进入博洛尼亚大学学习医学。当时，医学教育以伽林的著作和其他类似的过时思想为基础。然而，对人类生物学的更现代的思考正慢慢渗入这门课程。伽瓦尼还研究了外科技术，这对他之后的青蛙实验无疑十分有用。

拿到学位后，伽瓦尼留校做了解剖学讲师，并与大学最著名的教授之一多米尼克·古斯马诺·加莱亚齐的女儿露西娅·加莱亚齐结婚。1776年，他被任命为博洛尼亚科学院的外科和理论解剖学讲师。这一职务要求他每年向学院提交一篇论文，就在这段时间，他开始对电疗法感兴趣，这种研究当时在欧洲风靡一时。

虽然电对肌肉的影响已经被证明，但伽瓦尼设计的实验比前人更为详细和彻底。他希望更多地了解肌肉是如何收缩的，以及究竟是否是电流引发了收缩。当时，关于肌肉收缩的确切机制有相当大的争议。传统的观点是，动物的意识沿着细管传播到全身。而动物意识的本质是什么并没有定论，电似乎是一个可以解释得通的答案。它可以以惊人的速度行驶，似乎也没有重量，并已被证明可以由生物材料传导，比如人们手牵手可以形成传导电的链条。但这一理论缺乏实证细节支撑。

为了解决这个问题，伽瓦尼为他的家庭实验室配备了最先进的设备，包括产生静电的电机，可以储存累积电荷的莱顿瓶，还有富兰克林正方或魔力正方，将电流聚集在所有必要的解剖设备旁边。这样一个雄心勃勃的实验项目需要伽瓦尼投入大量的时间和精力，因此他也有一些助手，其中最出色的是他心爱的妻子露西娅。

露西娅是一位受过良好教育的博洛尼亚女性，但18世纪时妇女所受的教育大多限于历史和宗教专业。除了寻常的学习之外，露西娅还学习了意大利语和拉丁语，以帮助丈夫写作。她也熟悉科学，可以和伽瓦尼一起在实验室工作。露西娅积极参与了她丈夫的科学研究，协助他的外科医疗工作，以及编辑他的医疗著作。众所周知，她还参加了博洛尼亚所有显赫家庭沙龙中举行的"座谈"活动，为科学讨论注入了活力。伽瓦尼在1788年死于哮喘，这对她是沉重的打击。

伽瓦尼和露西娅在实验室得到了伽瓦尼的甥侄们，卡米洛·伽瓦尼和乔万尼·阿尔迪尼的帮助（再过几年，阿尔迪尼将成为伽瓦尼最主要的助手）。除了家庭成员外，伽瓦尼的一些学生也在实验室工作。

在他对肌肉收缩的研究中，伽瓦尼选择使用青蛙，这种动物后来被称为"科学烈士"，原因显而易见。青蛙自然是这种实验的首选。它们相对容易大量获得，神经可以很容易地从身体中分离出来，并且在死亡后很长一段时间内对电刺激仍保持反应。伽瓦尼指出，只要准备妥当，青蛙在被杀死后44个小时内，仍能对电刺激做出反应。

1780年11月6日，伽瓦尼开始了对青蛙进行电学实验的日记。在他的第一组实验中，他"以通常的方式"准备青蛙，这表明他已经在较早的日期开始了实验，或者充分阅读过其他科学家进行的类似实验。他解剖了青蛙的上半部分，只留下了连接在脊柱上的腿，并暴露了直接连接腿部肌肉的神经。

最初，伽瓦尼将附着在莱顿瓶和其他电力设备上的电线及其他导电材料插入青蛙的身体，直接刺激不同的部分。他观察到当刺激连接青蛙腿部肌肉的神经时，肌肉会收缩。这本身并非什么新鲜事，也没什么了不起，尽管科学界以外的人可能会惊讶地看到，一只死青蛙的活动似乎表明它还活着。前人对活的和死的动物的实验也取得了类似的结果。伽瓦尼实验的不同之处在于，设计水平、实验细节、投入研究的时间以及从发现中得出的结论。

实验继续进行，一如伽瓦尼预期的那样。直到有一天，他有了令人惊讶的发现。青蛙的腿可以被刺激得抽搐，即使它们不再接触电力装置。当一名实验者用解剖刀触摸硬脊膜神经时，就会发生抽搐，而与这名实验者无关的另一名实验者，可能是伽瓦尼的妻子，在一段距离外的一台电机上提取到了火花。

这种"远距离收缩"是新的发现，最初伽瓦尼无法解释它。他开始进行大量的实验，改变微小的细节，改变实验设置中的每个可以想象的变量。他把青蛙放在机器附近、很远、一个单独的房间里，或是被隔离在一个玻璃瓶下面。令人沮丧的是，他发现结果仍是可变的，哪怕用的是同一只青蛙。即使他观察到的变化，由远程电机的火花触发的收缩也不是"一次性"的，影响的强度和持续的时间也都各不相同。他努力为这样的结果找出解释。

事实上，他获得的可变结果与他作为研究人员的能力无关，其实凸显了在复杂的生物有机体中处理自然变异的困难，这是现代科学家十分熟悉的。伽瓦尼的竞争对手伏打和其他同时代的人解释说，远距离收缩现象是"带电气流的作用"。在电机上积累的静电创造了一种带电气流，青蛙的神经对此很敏感。18世纪的电机可以产生一万多伏的电流，很容易在青蛙的神经中产生足够的电荷，即使它们被隔开好几米外，也会引发收缩。这也是为什么，闪电可以在地面引起电流，即使它被大量的空气隔开，正如我们在第十章中所讨论的那样。

经过实验室里数年对收缩现象的实验，伽瓦尼把实验移到了室外，看看"自然"电是否会产生与他在实验室中使用的"人工"电相同的效果。在天气晴好时，准备好的几只青蛙用金属钩子刺穿脊柱，挂在伽瓦尼家阳台的栏杆上。当雷雨接近地平线时，青蛙的腿开始抽搐。

虽然这些结果可以被解释为大气电和人工电一致的进一步证据，但对伽瓦尼来说，这是令人困惑的事情。更令他惊讶的是，没有雷暴也能产生同样的效果。伽瓦尼或他的助手所要做的，就是把金属钩子挂在栏杆上，刺穿青蛙的脊髓，它们的腿就会像之前一样抽搐。他无法确定收缩是由外部电效应引起的，来自雷暴或某个机器，还是来自青蛙本身。伽瓦尼开始怀疑是否还有另一种电，是青蛙自身具有的。

伽瓦尼把实验搬回了实验室，又一轮实验开始了。由于附近没有其他电力来源，他发现只要利用钩子和金属表面，就能对肌肉产生同样的影响。他设想了各种不同的情况。改变制作钩子的金属、把青蛙放在不同的表面（金属和非金属），然后再把新的表面连接到金属钩子上，刺穿青蛙。关键的是，只有当使用导电金属时，才能观察到收缩。伽瓦尼认为，这一现象表明，这些金属只能促使青蛙自身固有的电引发运动。

在用不同材料进行实验时，伽瓦尼发现他可以通过放置一个由金属制成的弧形物来使青蛙的腿抽搐，弧形的一端接触暴露的神经，另一端连接青蛙的腿。

在结束了十年不同的和反复的研究后，伽瓦尼得出的结论是，青蛙和所有动物的身体中都有他所谓的"动物电"。正是这种固有电流的运动，通过导电金属，或由电火花触发，导致了肌肉收缩。动物电可能就是维克多·弗兰肯斯坦的"生命流"（vital fluid），用来激活他的生物。

本杰明·富兰克林解释了为恢复不平衡而形成的电流运动，产生电击和火花的原因。由此，伽瓦尼得出结论，青蛙体内的电流一定存在不平衡。他把这种不平衡论放在肌肉中，声称肌肉的内外含有不同数量的电流，神经只是导体。富兰克林用不平衡流体理论解释了莱顿瓶是如何工作的。此时，伽瓦尼把青蛙（及其他动物）的肌肉比作莱顿瓶，它的肌肉的内外，都有多余或不足的电流。在他的实验中，用来形成电弧的金属形成了电流流过的另一条路径。伽瓦尼在《论电对肌肉运动的影响》中写下了他的发现，并在1791年向世界提出了"动物电"的概念。欧洲各地的实验者争相重现伽瓦尼的实验，以致青蛙数量告急。第一个对伽瓦尼的工作有深入兴趣的是伏打，在阅读这篇文章之后的几周内，他便进行了实验。

时年47岁的亚历山德罗·伏打是帕维亚大学的物理学教授，刚当选为伦敦皇家学会的研究员。他的同时代人称他为"电学牛顿"。他那时的研究兴趣是不能被当时技术检测到的低量电能。最好的仪器是静电计，它的灵敏度可测到1伏左右的电压。然而，如果只需要该电压的几分之一就能刺激到暴露的神经，那么伽瓦尼的实验结果似乎表明，青蛙可能是一种特别敏感的大气电探测器。于是，伏打就使用青蛙作为测量低电量的工具。

伏打对伽瓦尼研究的热情很快就让位于怀疑。对于伽瓦尼通过青蛙脊髓放置钩子的实验，以及用于连接肌肉和神经的金属弧，伏打认为收缩可能是由金属本身引起的，而不是青蛙体内的动物电。在复制伽瓦尼的实验时，他注意到使用不同金属时引发的收缩强度不同。他相信电是由金属产生或转移的，青蛙只是一个导体。因此，他把金属描述为"电动机"（electrical motors）而不是被动导体。

伏打起初的反应是，写一篇关于伽瓦尼作品的评论。这是两人之间长时间书信辩论的开始。尽管一直保持礼貌，但他们对自己的观点变得越来越执着。伏打认为，伽瓦尼对大气中的电一无所知，这一现象很容易解释他对雷雨中青蛙抽搐的观察。不过，他显然尊重伽瓦尼的研究，亲自重复了他的实验；同时，具体到细节地反驳了伽瓦尼的每个论点。伽瓦尼和伏打各自设计了新的实验，目的就在于证明自己头脑中的一个或另一个论点。

另一些人则被吸引加入欧洲和其他地区的辩论。实验者、自然哲学家和纯粹好奇的人复制了实验，形成了各自实验中的变化，提出了各自的观点，并在辩论中选择各自的立场。战斗线沿着科学和国界划定。埃米尔·杜波伊斯-雷蒙德（Emil du Bois-Reymond）如此描述这场辩论："无论哪里有青蛙，无论哪两种不同的金属可以固定在一起，人们都可以用眼睛说服自己，看到断肢的惊人复生。生理学家认为，有关生命的古老梦想掌握在自己手中……只要此前曾被电击过，那么没人有被埋葬的危险。"

为了反驳伏打的理论，即电是由不同的金属产生的，伽瓦尼表明，只有一种金属制成的电弧是产生收缩的必要条件。但他承认这些收缩并不像使用两种金属时观察到的那样强烈。伏打反击说，没有办法证明这种金属是纯的，第二种金属的不可检测量是伽瓦尼观察到这种现象的原因。伏打的断言无法被证明，故而争论的任何一方都没有占到上风。因此，伽瓦尼在自己的实验中完全取消了金属。

阿尔迪尼，伽瓦尼的外甥，已经证明碳（非金属）可以作为神经和肌肉之间的弧状物，引发收缩。[1] 在他的实验室中，伽瓦尼还发现，人类牵起手可以提供必要的导电路径，甚至不需要外弧。当伽瓦尼把青蛙被解剖的神经放在它自己的腿部肌肉上时，他发现神经会产生收缩。青蛙充当了电源**和**导体。"所有的科学家都预言伏打电堆即将失败，伽瓦尼将获得彻底的胜利。"

作为回应，伏打对伽瓦尼的实验技术提出了质疑并且表明，无论神经多么小心地搭在青蛙自己的肌肉上，实验者永远不能低估意外的接触点。这种作用于神经的机械力足以引发收缩。伽瓦尼的实验很难重复，这一事实只支持了他的论点。任何一方都没有前进，任何一方也都不会认输。

尽管伏打提出了所有反对的论点，但他确实承认动物电是存在的。他承认电鳐和电鳗有一种能产生冲击的电流。他甚至承认，所有动物的神经中都有动物电，它依靠意识来行动，同时受到神经的范围的限制。伏打推测，在伽瓦尼的实验中，由于动物已经死亡，电流不能再被意识移动，而那时正是金属提供了外部致电因素。

1795 年，伽瓦尼对电鳐进行了实验。他想了解更多关于鱼的电学特性，并利用它来支持自己的动物电理论。在他的实验中，一条鱼的两个电器官中的一个被切除了。伽瓦尼发现，从电鳐体内取

---

1 比如石墨（制造铅笔芯的材料）形式的碳，就不同于其他非金属物质。其结构中原子的排列方式，让它也能够导电。

出的电器官不能产生任何明显的电效应。留在鱼体内的器官，仍然通过大量的神经与身体的其他部分相连，却能继续产生电击和其他电效应。另一条鱼的大脑被切除了，这条鱼的电器官功能就丧失了——因此，大脑及其与神经的联系很重要。另一条鱼的心脏被摘掉，以确保是在死掉的动物身上进行实验。这一次，电器官仍然继续工作了一段时间。心脏对电器官的功能并不重要，因此动物体内必然有其他一些特性，才能在死后造成这些电效应。在伽瓦尼看来，这种特性就是"动物电"。

伽瓦尼没有止步于研究青蛙和电鳐。他还在鸟类和四足动物，特别是羔羊身上使用金属弧，实现肌肉收缩，并在他和许多人的观念中证明了动物电的普遍存在。

1798 年 12 月 4 日，伽瓦尼的论证工作突然宣告终结。法国人控制了伽瓦尼居住的意大利北部各州，但作为一个有原则的人，他拒绝宣誓效忠新统治者，于是被剥夺了工作和收入。他死时身无分文、心灰意冷，与哥哥住在一起。其他人在伽瓦尼缺席的情况下依然继续研究，特别是伽瓦尼的外甥乔万尼·阿尔迪尼，我们稍后还会关注。

伽瓦尼的科学遗产相当可观。他把动物电的概念和肌肉的电刺激在机体死亡后依然能产生运动（电疗法）的观点牢牢地带入了公众意识。科学家探索并能潜在操纵生命的想法，一定是令人敬畏且可怖的。因此，不难理解会有许多人质疑伽瓦尼的观点，而且这种质疑在他本人缺席的情况下仍然持续着。

伏打对金属和不同导体的研究继续进行，并最终形成了一种非常简单的装置，它将展示与伽瓦尼观察到的相同的电效应，但并不需要青蛙或其他动物。伽瓦尼从他的实验中去掉了金属，如今伏打则去掉了青蛙。如果是金属产生了电效应，那么伏打需要的应该是两种不同的金属。

这成为伏打对科学的最大贡献，即发明了电堆：一堆交替的银和锌盘，直径约 1 英寸，中间夹着浸过水的纸板。纸板代替了青蛙。当电线附着在桩的顶部和底部时，会产生电击。

伏打在一封用法语写的信中向皇家学会宣布了他发明的电堆，这封信立即发表在《哲学交流》上，篇名是《仅通过接触不同种类的物质而激发的电能》。随后，《哲学杂志》上发表了文章的英译版。伏打称他的发明为"人工电器官"（organe électrique artificiel），意在类比电鳐的电器官。该设备还有许多其他名称，但今天我们称之为第一个电池。

虽然伏打电堆并不能完全推翻伽瓦尼的理论（可能还有一种动物电存在），但科学界当时认为这是一场决定性的胜利。它结束了动物电的争论。而更重要的是，它预示着电学、化学和生理科学的新时代。这将改变我们对电、科学调查和社会本身的理解。

关于伏打观点和发明的消息很快就传开了。它首先在 1800 年 5 月 30 日的《晨报》上向公众宣布，这份报纸后来还发表了关于如何制造伏打电堆的完整描述。蒂贝里奥·卡瓦洛，一位生活在伦敦的意大利自然哲学家、詹姆斯·林德博士的好朋友、珀西·雪莱在埃顿的老师，也为推广这一新设备做了很多贡献。几周内，欧洲各地的实验人员都在制造伏打电堆并进行新的实验。

这是人类第一次制造出连续的电流，当时的仪器起初是无法测量的。虽然电堆产生的一些效应无疑是电性质的，但它与实验者们熟悉的静电机器和莱顿瓶并不一样。例如，从伏打电堆中很难产生电火花，它不容易像静电机器那样吸引发光物体。当时有些实验者考虑，伏打电堆可能是另一种形式的电，并将其命名为"伽瓦尼电"，这无疑让伏打气恼不已。

事实上，伽瓦尼和伏打的电学理论都是大致正确的。是的，两种不同的金属可以用来产生电流（这是大多数现代电池的基础）。同时，动物体内有一种自生的电，尽管是在神经中，而非像伽瓦尼想象的那样在肌肉中。从事后诸葛亮的角度来看，伏打和伽瓦尼的争论是一场"误打误撞"。

虽然伏打电堆的发明产生了一种连续的电流，并且从此推动了电子设备的发展。但它实际上对刺激神经并不是很有用。刺激神经需要的是迅速改变电压，而这正是由电机产生的火花和伽瓦尼实验中使用的莱顿瓶传递的。只有当伏打电堆的电线接触到神经或肌肉，并偶尔被移除时，才能观察到肌肉收缩的现象。

伏打和伽瓦尼关于电的本质及其对肌肉和神经作用的争论，远没有因伏打电堆的发明而结束。关于动物体内的电及其发电机制的科学研究，仍有许多问题有待深入。珀西·雪莱在为《弗兰肯斯坦》撰写的序言中，提到了德国生理学家约翰·威廉·里特和亚历山大·冯·洪堡对动物电的进一步贡献。

今天，青蛙的角色已经被鱿鱼取代了。鱿鱼的神经非常大，可以将微小的电极放置在神经细胞内，直接测量细胞膜上的电压。这重要的一步直到20世纪才得以实现，并由此最终证明神经信号本质上是带电的，就像伽瓦尼多年前提出的那样。

伽瓦尼和玛丽的维克多·弗兰肯斯坦所能知道的是，神经细胞是如何产生电的。对他们及其同时代的人来说，电本身就是一种物质，而不是原子和电子性质的结果。

在神经细胞中，有两种不同的金属，以钠和钾离子的形式进出细胞，产生电信号。细胞膜两侧存在一个"静息电位"，细胞内部比外部电位更低，这为神经细胞传递信号做好了准备。这类似于莱顿瓶一侧的电荷积累，另一侧表面的电荷则相反。伽瓦尼错误地认为肌肉中存在着不平衡情况，尽管他无法用 18 世纪的技术来确定这一点。

为了达到静态电位或不平衡状态，神经细胞做了两件事：钾在神经细胞内部积累，钠一直待在外面。为了保持这种不平衡，分子泵利用能量将钾和钠离子放到正确的位置。当个体死亡，能量供应停止时，这种分选过程也停止了，钠和钾离子将通过扩散从通常的位置漂移开来。

静止时，钾和钠离子的分离导致细胞内外产生大约 –70 毫伏的差值。一个小的诱因，无论是自然发生在身体中的化学反应，还是来自外部的电火花刺激了神经，都会改变细胞膜的性质。这就允许了钠离子流入细胞、钾流出以恢复平衡。这种最初的刺激可以远小于 –70 毫伏，因为它只需稍微调整细胞膜，就可以造成离子的运动，产生更大的变化。这个初始信号就像用遥控器打开电视一样。少量的电信号被用来触发更大的电流，为电视提供动力。因此，打开电视的电量只需遥控器里的小电池就足够了，而不需要为电视供电所需的更大的电源。神经也有类似的系统。

在细胞膜被调整以允许离子流动之前，需要跨越这个最小阈值，以确保神经不会轻易被刺激。但每个神经细胞都是"全有或全无"系统（更大的刺激不会在单个细胞中产生更大的信号）。当伽瓦尼注意到电强度增加会引起肌肉反应增加时，他实际上是在用不同的阈值触发不同的神经细胞。但他的实验技术是微妙而细致的，足以意识到有一个全有或全无系统正在运行，尽管他不知道它是如何工作的。

当钠通道打开时，正钠离子冲进细胞，中和在那里积累的负电荷。钾离子被触发流出细胞，一波钠和钾离子通道沿着神经细胞的长度打开，传递神经信号——即所谓的"动态电位"。在神经信号产生后，分子泵将所有的东西都移动到它们的启动位置，过程才结束。

为了确保神经轴突（传递电信号的细胞部分）的信号不会被丢散到周围的组织，轴突被髓鞘像绝缘电线一样绝缘。运动神经元（控制运动的神经细胞）可以长达一米，为了确保信号不会在沿着神经传播时失去能量，沿途有一些站点可以轻轻地提升信号。

当伽瓦尼和其他人刺激青蛙的神经时，他们只需要一个微小的电压（大约 20 毫伏）来触发神经细胞膜的变化，神经就能够发出信号。即使在解剖过程中，神经已被切断，轴突沿线的位置也可以刺激和启动信号。

鉴于玛丽不可能知道上述这些，她的人物维克多·弗兰肯斯坦也同样不会知情。那么，维克多是否能找到一个更简单的系统来制造他的生物，就像电子穿过电线那样？毕竟，金属是远比神经流体更好的导电体。然而，由于金属线导电的方式，通过电子沿其长度移动，为了能够在一米长的电线上传输相同的信息而不失去强度，将需要比神经细胞厚得多的电线（不包括防止短路所需的绝缘层）。尽管有着很高的复杂性，神经细胞仍能以高达每秒 150 米的速度传输信号，从刺激到给出信号再到恢复为静态电位的整个过程，总共只需要四百分之一秒。

神经细胞通过精心编排的一系列系统，将信息从身体的一个部分传送到另一个部分，从而监测和调节生物的基本过程，比如呼吸和消化，移动和思考等。它的复杂性令人惊叹。神经系统不只由单个神经细胞组成，它们是高度相联的。大多数神经细胞有大约 1000 个突触，专门的神经细胞，称为浦肯野细胞，可以有多达

8万个突触。维克多在将神经系统与用来组装生物的部件连接起来时，会面临相当大的技术挑战。即使是现如今最好的外科医生，也会对这项工程望而生畏，虽然这并非绝无实现的可能。

◣ ◢

伏打在1800年发明的电堆，可能最初盖过动物电理论取得了胜利，但仍有一些人不愿完全放弃这一理论。伽瓦尼的外甥乔万尼·阿尔迪尼延续了舅舅的事业，并试图使尽可能多的人相信伽瓦尼的动物电理论。为此，他公开展示电对动物的影响，复制他舅舅的实验。讽刺的是，他用伏打电堆作为电刺激的来源，但坚持称其为"电流"电池，而不是伏打电堆。

首先，阿尔迪尼使用了电学家的老朋友——青蛙，但很快，只能使青蛙的腿抽搐令人乏味了。他决定转向令人印象更深刻的东西：在屠宰场刚刚砍掉的公牛的头。他将电流电池的电线放置在公牛的头上，使面部肌肉移动。舌头会舔，嘴唇会卷曲，眼珠会转动。但动物尸体必须是新鲜的。有些实验者指出，哺乳动物的肌肉更难激发，而且这种效应很快就会消失（当分子泵不能再让离子返回原来的位置时就会终止这种现象）。例如，在猫和狗身上的效果大约15分钟后就消失了。温血动物的尸体很快就会对电刺激失去反应，这一事实将是维克多·弗兰肯斯坦复活其生物的另一个障碍。当阿尔迪尼的观众甚至对被屠杀动物的可怕演示都失去兴趣后，他就转向了更具戏剧性的演示对象——人类。头和尸体被从刽子手的绞刑架上带到演讲场，在那里，阿尔迪尼和其他人将电池上的电线连到刚刚死去的罪犯的脸上和身上。罪犯的头，尽管完全与身体分开，做起鬼脸，皱着眉、扭曲着，仿佛他们还活着。

这些生动而怪诞的演示最终在德国被取缔。很明显，这些演示已经发展为可怕的娱乐活动，而非关于科学原则或科学研究的讲座。在观众面前，把电线应用到一个被砍掉的头上，可以学到的知识是有限的。不过，阿尔迪尼所做的一切并非只为了展示，他有更大的野心——使死者复活。

在18世纪，人们已经开始使用电击试图恢复那些溺水者的生命。阿尔迪尼主张使用一个小电池来复苏那些如他所说的处于"暂停活动状态"的人，或者其他治疗方法无法挽救的死于窒息的人。阿尔迪尼真正需要的是一个完整的身体来证明他的理论，最好是刚刚死于窒息。1803年在伦敦，他的需求实现了。

阿尔迪尼是应英国皇家人道协会的邀请来到英国的，该协会是一个致力于保护生命免遭溺水事故的组织，它为试图拯救溺水者生命的任何人提供经济奖励和奖章。访问英国期间，阿尔迪尼在座无虚席的大厅里讲课，并展示了他著名的公牛头部实验。

但在1803年1月18日，他做了平生最著名的实验，也是独一无二的。阿尔迪尼那天的实验对象是乔治·福斯特。福斯特被判犯有谋杀妻子和女儿的罪行，正如当时对谋杀的正常刑罚一样，法律判处福斯特绞刑和解剖。但这一次，有一个例外的变化。福斯特的尸体将交给阿尔迪尼进行电学实验。

尽管有人质疑福斯特是否犯有这一罪行，但他在被绞死在纽盖特监狱的前一天，已做了充分的认罪供述。那是个寒冷的1月早晨，他的身体被放下来以前已悬挂了一个小时。尸体被运到阿尔迪尼那儿之前，又延误了一阵。因为尸体必须先经过正式解剖才符合法律。操作实践上，只不过是在胸部开了一个切口，且尸体在被送到阿尔迪尼那儿之前已经缝合了。现场有一群外科医生和朋友，他们聚集在就近的房子里见证了这场实验。

阿尔迪尼的电池由3个槽组成，每个槽含有40块锌和40块铜。他把电池的电线连接到福斯特的下巴和耳朵上，"下巴开始颤抖，相邻的肌肉扭曲得可怕，左眼事实上睁开了"。当阿尔迪尼把电线移到耳朵上时，头从一边移到另一边。随着电池功率的增加，"面部所有肌肉都在发生抽搐，嘴唇和眼睑也显然受到了影响"。为了重启心脏，阿尔迪尼打开了福斯特的肋骨，并将电偶装置直接应用于器官，但"没有出现任何明显的动静"。

这个实验对在场的一些人来说太过头了。"帕斯先生，外科医生团队的领队，他正式出席了这次实验。他被吓坏了，回家后不久就因惊恐而死。"

阿尔迪尼对乔治·福斯特的尸体所做的实验被广泛报道，详细的报道出现在了《泰晤士报》上。年轻的玛丽·戈德温很可能在报纸上读到了皇家外科医学院发生的奇怪事件。她也可能从直接见证人安东尼·卡莱尔那里听说过这些实验，他是威廉·戈德温的著名外科医生朋友。他很可能参加了阿尔迪尼对乔治·福斯特尸体的电

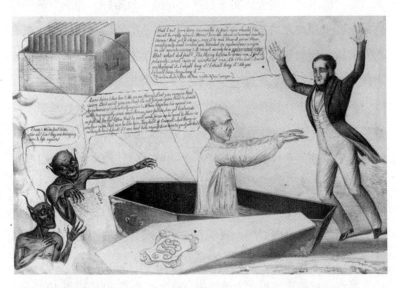

一具通了电的尸体，戏仿乔万尼·阿尔迪尼对乔治·福斯特的尸体所做的实验。摘自美国国会图书馆印刷品和照片在线名录。

力实验。如果卡莱尔不是阿尔迪尼实验的现场证明人，他也肯定会有兴趣阅读有关实验的报告，并很可能在拜访戈德温家时讨论过这一话题。

在试图让刚刚淹死或从高处坠落的人复生时，人们不断地使用电击。对斩首的头部及其分离身体的实验也持续进行。阿尔迪尼甚至对那些死于自然原因的人的尸体也进行了电击实验，但这些实验并没有在大量证人在场的情况下开展，也没有像乔治·福斯特那样以戏剧性的方式进行宣传。一段时间以来，公开在一个刚死去的人或是整具尸体上做实验的机会没有再出现。

在1818年11月《弗兰肯斯坦》出版几个月后，一名死刑犯的尸体被用来做了更多实验，但这次是由安德鲁·尤尔博士主导的。在这种情况下，会不会是《弗兰肯斯坦》影响了科学，而不是相反？

尤尔在家乡格拉斯哥大学获得了医学学位。1804年，他在安德森学院（现为斯特拉斯克莱德大学）担任自然哲学教授，并以其化学技能和知识而闻名。在1818年，尤尔将注意力转向了电疗法，并在大量民众面前进行了实验，而非像阿尔迪尼1803年进行的复活实验那样，只精心挑选了一些观众。这次电力实验的对象是被定罪的杀人犯马修·克莱德斯代尔。尤尔博士准备好了仪器，等待着尸体的运送。

尤尔很清楚15年前在伦敦进行的阿尔迪尼的实验，并看到了改进的空间。他的批评是，以前的实验直接通过肌肉传递电，很少注意电池的正负部分。伽瓦尼和伏打都指出，生物系统对正电和负电有不同的反应。虽然尤尔承认电流能取代"神经影响"，并以同样的方式发挥作用，但他并不认为电和"神经影响"是一回事。

克莱德斯代尔因谋杀了一名70岁的醉汉而被判刑。这是10年来在格拉斯哥第一次公开执行的死刑，引来一大群人围观。在放倒克莱德斯代尔的尸体并于十分钟后将其送到解剖剧院之前，他已经被吊了一个小时。在警察拿到尸体前，尤尔给他的270板电池充满了硝基硫酸。接下来发生的事情，尤尔在随后一个月里提交给格拉斯哥文学协会的一篇论文中做了记录。更多耸人听闻的描述出现在之后的苏格兰报纸上。

克莱德斯代尔的尸体铺陈在尤尔博士和他的助手面前。尤尔在颈部后面做了一个切口，以移除一个椎骨并暴露脊髓。下一步切开的是脚后跟，以及臀部的坐骨神经。没有血流出来。克莱德斯代尔已经死了。通过电流电池，尤尔将一根电线连到新暴露的脊髓，另一根电线连到坐骨神经。马修·克莱德斯代尔的尸体仿佛因寒冷而颤抖起来。

在第二次实验中，电线被应用于脊髓和脚跟上的神经。克莱德斯代尔的腿抽动着，几乎把一个助手撞倒了。接下来，电线被应用于颈部的膈神经，并通过肋骨底部的切口，在那里电线可以直接接触膈肌。一开始，什么都没发生。为了增加功率，尤尔不得不调整电池。然后，"充分，不，费力的呼吸开始了。胸脯起伏，肚腹突出，然后再次瘫软。这一过程始终没有中断，只要我继续放电"。

当尤尔把电线移到眉毛上方的切口和脚跟时，整张脸都陷入了抽搐："愤怒、恐惧、绝望、痛苦和可怕的微笑，这些可怕的表情集中在凶手的脸上。此时，几个观众不得不离开现场，不想再受这一恐怖而病态场面的影响。一位绅士晕倒了。"

克莱德斯代尔的手指开始"灵活地移动，就像小提琴手的手指"。当电线碰到一根手指尖上的一个切口时，克莱德斯代尔失去生命的胳膊似乎指向了观众，有些人认为他已经被带回人间了。

重要的是，一旦电线被移除，所有对克莱德斯代尔身体的影响就会停止。克莱德斯代尔的确已经死了。尤尔并不打算或希望复活一个被定罪的杀人犯，但他确实写下了在其他情况下复活死者的潜在好处。他承认这一过程中的主要绊脚石是重启心脏。伽瓦尼注意到这一器官对电的影响具有抵抗力。

阿尔迪尼在对乔治·福斯特的实验中未能重启心脏，尽管他打开了胸腔，将电流直接施加到器官上。而尤尔干脆就没打算重启克莱德斯代尔的心脏。他认为尝试是无用的，因为身体里的血液已经几乎耗尽，而已知的是，血液对生命功能至关重要。不过尤尔考虑过这个问题，并提出了一个解决方案。

尤尔意识到，电流需要通过主要的神经传导到这个器官。他建议，为了重启心脏，可以将电流电池的电线点放在皮肤上，而不是

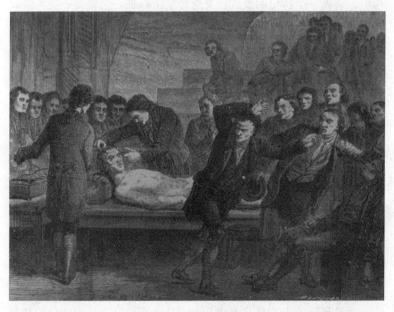

一幅标注为"尤尔博士为杀人犯克莱德斯代尔的尸体通电"的插图。摘自《科学的奇迹，或当代发明的通俗说明》，1867年，路易斯·基尔著。藏于哈佛大学霍顿图书馆。

放在心脏本身的肌肉上，一个位于膈神经上方，一个位于心脏另一侧的第 7 肋周围。甚至可能不需要切开身体，浸在氨盐溶液中的布可以包裹在电线末端的黄铜旋钮上，贴在皮肤上，以改善对下层神经的传导。"可以先试一试。"

尤尔博士对他实验的描述，我们听起来可能很熟悉。可惜他从未实施过。如果他曾实验成功的话，他有可能在电子设备被真正用于控制心脏节律的大约 150 年前，就发明除颤器。20 世纪 50 年代，在为了阻止心脏骤停的绝望尝试中，病人实实在在地被插入电源，用通常为家庭提供动力的交流电刺激心脏。大概有 50% 的成功概率。

1961 年，伯纳德·劳恩开发出一种直接电流法，用一种特定的波形来治疗心室颤动，现在称为劳恩波形。一个单一的电流（单相），遵循一个特定的模式，发送到整个心脏。它取得了巨大的成功，直到 20 世纪 80 年代，才进一步发展为直到今天仍在使用的两相系统。

当然，除颤器的功能比提供简单的电击来启动心脏要复杂得多。事实上，除颤器根本不会启动心脏，这与你可能在电视节目中看到的情况相反：病人的心电图变平，医生开始电击，显示器上出现了整齐、有规律的心跳。事实上，当心脏处于颤动状态时，除颤器会阻止心跳（心跳加快，显然使心脏看起来好像在颤抖）。通过停止心跳，在心脏细胞内的天然起搏器能够重新协调自己，并恢复正常的节律。这有点像按下了重启按钮。就这方面来说，一个除颤器或类似的设备，对于维克多·弗兰肯斯坦重启生物的心脏，并没有什么用处。

无论玛丽的人物维克多用什么方法来重新激活他用零件组装起来的生物，他都成功了。在 11 月那个决定性的夜晚，他的生物复活了，这是两年紧张工作的高潮。显然，这一场景与阿尔迪尼和尤尔在乔治·福斯特和马修·克莱德斯代尔尸体上的实验很相似。

清晨，燃烧了一夜的蜡烛快要熄灭时，"我看见那生灵睁开了呆钝的黄色眼睛，吃力地呼吸起来，有了生命的手脚也开始动弹，像是抽搐"。在维克多看到自己创造的东西时，他对事业的热情立刻变成了恐惧。维克多希望创造的美丽生物，已经变成了一个活生生的、会呼吸的、可怕的怪物。

第三部分

诞生

# 第十二章　生命

我是你的造物。

——玛丽·雪莱《弗兰肯斯坦》

维克多雄心勃勃的科学项目的高潮，是将各种零件拼接在一起并赋予其生命。以任何标准来看，这都是一项惊人的成就。维克多本来志得意满，期待创造出一个优美的生物，后者会崇敬地视他为创造者。然而当他的造物睁开眼睛，回过头看向创造者时，维克多的美梦当即坠地。"还没有完成时我曾仔细地看过他，他那时就很丑陋，但是在肌肉和关节活动以后，他更成了一个连但丁也设想不出的奇丑的怪物。"曾经，维克多被自己对事业的热情所淹没，完全忽略了正在制造的东西有多恐怖。直到他的造物被赋予生命的时刻，他才真正意识到自己到底做出了什么。维克多对这个造物的外观厌恶极了，称之为"怪物""妖怪""肮脏的生物"。

但这个活生生的、会呼吸、会思考的生物是什么呢？

这个生物的样貌已然成为现代文化的一个著名意象。大多数人脑海里的固化形象是鲍里斯·卡洛夫在 1931 年的电影中表现的那样，高大、方形脑袋、螺栓穿过脖子。宽阔的额头、绿色的皮肤和笨拙的步态已经成为他那标志性恐怖形象的一部分。而玛丽·雪莱的描写其实并不是这样。

> 我怎样才能描述出自己在这巨大的祸害面前的感受呢？或者说，我怎样才能描述出那个我遭受了无穷痛苦和磨难才创造出的东西呢？他的四肢比例是匀称的，我为他选择的面容也算漂亮。漂亮！伟大的上帝呀！他那黄色的皮肤几乎不能遮挡下面的肌肉和动脉的运作；他有一头飘动的有光泽的黑发、一口贝壳般的白牙，但这华丽只把他那湿漉漉的眼睛衬托得更加可怕了，那眼睛和那浅褐色的眼眶差不多是同一个颜色；还有收缩的皮肤和直线条的黑嘴唇。

维克多·弗兰肯斯坦那8英尺高的生物，由从解剖室、坟墓和藏骸所中收集的碎片组成，样貌必定可怖，是个"能动能说话的肮脏玩意儿"。迟钝的、暗黄色的、湿润而浑浊的眼睛，黑色的嘴唇，黄色的皮肤和萎缩的肢体，也许都能作为死尸是其原料来源。

也许，苍白如羊皮纸般的皮肤和湿润而死气沉沉的眼睛，源自玛丽在博物馆和展览中看到的保存在罐子里的漂白医学标本。不过小说中并没有提过方形的脑袋，而令人沮丧的是，这个生物样貌的其他细节也一样模糊不清。

《弗兰肯斯坦》的第一版没有插图，所以没有图像来提示这个生物的模样。但这也许是令他更为可怕的原因，因为我们会用自己的想象来填补玛丽文中的留白，将怪物塑造成自己脑海里特有的恐

《弗兰肯斯坦》扉页。1831 年版，西奥多·冯·霍尔斯特绘。

怖模样。不过，1831 年的版本有了一个正面的形象，大概事先经过了玛丽的审定。它描绘了维克多房间里的"实验室"的样子。它看起来更像是一间研究室，而不是科学实验室，里面有很多书，但没有科学设备。地板上是那个 8 英尺高的生物。除了巨大的体型外，他没有明显的畸形或令人讨厌的特征。没有伤痕或螺栓。不过为了强调由该生物引起的恐怖情绪，画面中的维克多正惊恐地逃离房间。

在维克多公寓地板上的那个人的姿势与位置，看上去与另一个我们现代观念中的弗兰肯斯坦怪物的概念相距并不遥远。这个怪物是 1799 年西班牙艺术家弗朗西斯科·戈雅创作的题为《狂想曲》的画中所展现的。在他 80 幅系列画作中的第 50 幅作品里，展示了两个直挺挺的人被背景中一个黑暗、邪恶的人用勺子喂养着。它表现的似乎就是《弗兰肯斯坦》中的怪物。画作较小说早了 19 年。这张画是戈雅的《狂想曲》系列创作的一部分，作为对他在西班牙生活中看到的愚蠢和缺乏开明理性世界的评论。

没有证据表明玛丽看过戈雅的《狂想曲》系列，更不用说受到它的启发了。玛丽学过西班牙文学，但在她的日记中没有提过戈雅。然而，她的插画家西奥多·冯·霍尔斯特可能受过戈雅的灵感启发。他以为德国浪漫主义小说创作插画而闻名，比如歌德的作品等。他对超自然和恶魔主题特别感兴趣。不过，即便霍尔斯特没有从《狂想曲》中得到灵感，1931 年《弗兰肯斯坦》电影的创作者很可能是受到了影响。

戈雅笔下的两个人物显然更接近我们如今对弗兰肯斯坦怪物的看法，庞大的体貌特征和宽阔的额头，与玛丽的描述不同。戈雅画中人物的身体样貌显示出肢端肥大的病症。

《狂想曲》之五十：《毛丝鼠》，1799 年，弗朗西斯科·戈雅绘。

肢端肥大症是由生长在脑垂体中的良性肿瘤引起的，在成人停止生长后，这种肿瘤会导致生长激素持续释放。受其影响的人可以长到很高。它能导致肥大的手和脚，或是宽大的额头、下巴或鼻子，还有牙齿间隙大以及皮肤增厚等症状。软组织肿胀会导致嘴唇和耳朵肿大，对声带等内脏器官也会产生影响，导致声音变得粗沉。但更严重的是，心脏和肾脏会受到损害。如果在童年发病，它会导致巨人症，长成特别高的人，比如查尔斯·伯恩，我们在第八章提到的爱尔兰巨人。

肢端肥大症的影响，可以肯定地解释如弗兰肯斯坦那样生物的某些身体特征，特别是现代电影中的模样。爱迪生工作室1910年制作的第一部《弗兰肯斯坦》电影里也设计了一副模样：额头宽阔，脚和手都很大，但身高普通。肢端肥大症的演员有时被用来在电视和电影中扮演弗兰肯斯坦这类生物。例如，泰德·卡西迪，他在20世纪60年代的电视剧《亚当斯家族》中扮演了卢尔希。怪物步履蹒跚，可能是肢端肥大症引发的关节炎造成的。电影里，怪物往往是哑巴，但在玛丽的小说中，他用一种被称为"尖锐"而不深沉的声音雄辩滔滔。

玛丽亲眼见过的笔下生物的另一种形象，是T. P.库克在《弗兰肯斯坦》的戏剧版《假设：或弗兰肯斯坦的命运》里的装扮。1823年玛丽回到伦敦时，这出戏正在进行第四周的演出。玛丽到伦敦没几天就去看了。库克扮演了无名怪物的角色，他从维克多的实验室里冲出来，摔下楼梯，造成巨大破坏，通常会吓到观众。库克是个成熟的演员，他的名字也曾被迪奥达蒂别墅里的另一个客人提及，说的是他在另一个浪漫主义题材故事里扮演的恐怖角色:《吸血鬼》中的鲁斯文勋爵。

评论家和剧院观众对库克表演的怪物印象深刻，之后相同题材的新作品上演时，他又数次出演过这个人物。他创作的角色形象成为所有后世模仿者的样板，并为我们心目中的怪物形象奠定了基础。库克的演绎很大程度上借用了之前鲁斯文勋爵的角色，显然两者在性格和样貌上都是高度典型化的。这个怪物的样貌设计包括破烂的衣衫，看起来更像是古罗马的托加宽长袍，而不是典型的18或19世纪的长袍；身上涂着浓厚的绿色、黄色和黑色颜料，头发浓密。一位评论家将库克的怪物描述为自己曾在佛罗伦萨一个博物馆里见过的瘟疫受害者的蜡像，而库克把它复活了。

正是在《弗兰肯斯坦》的戏剧表演中，伴随着优雅的动作表现，这个怪物失去了自己的声音。怪物及其创造者的名字也开始混淆。这部戏剧作品还表现了弗兰肯斯坦故事里的另一个主角弗里茨，弗兰肯斯坦博士的忠实助手。在1931年的电影制作里，弗里茨已有了驼背，而怪物的可怕行为则被归因于使用了一个"坏掉的大脑"。

这部小说还有更复杂的解读。玛丽的文本一再强调这个怪物有着多么可怕的丑陋样貌，并且融入了19世纪流行的面相学和颅相学理论。人们相信一个人的性格可以从其体貌特征中读出。许多人试图把相貌变成严肃的科学调查对象。从外貌角度来看，他的样子本身就足以被任何一个遇到他的人斥为丑陋的怪物。

18世纪晚期由弗兰兹·约瑟夫·盖尔发展出的颅相学，利用头骨测量确定精神特征。因为大脑是思想的器官，人们于是认为它应该在身体的差异中具有影响。虽然这种理论现在已完全被证伪，但它是神经心理学发展过程中的一个重要步骤。不过，似乎不太可能有人接近弗兰肯斯坦的怪物，测量他头骨上那些凹凸不平。

由于这副丑恶的外表，无论他如何强调自己的善良本性，没有人，甚至包括他的创造者，能够克服对其丑恶性的看法。但是，玛丽对这种生物的描述挑战了那种天生邪恶怪物的观点。她的怪物表现了许多善良的行为，比如救回一个溺水的孩子，并为住在旁边的家庭做些卑微的工作。是他人对他的所作所为，迫使他杀人、毁灭。这本书借鉴了戈德温的责任和真理理论以及当时流行的启蒙思想。正是因此，而不是由于什么暴力场景或不道德行为带来的冲击性，这本书被认为是有争议的。

后世有种关于维克多怪物的解释，说他是个笨拙的傻瓜，他的暴力咆哮就像是个易怒的孩子的行为，或者是对科学的错误应用而造成的。例如，在1910年爱迪生工作室的电影版本中，"维克多思想中的邪恶"不知何故渗透到这个怪物的形成过程中。玛丽最初想把这个怪物创作为聪明、体贴、雄辩而优雅的。这个怪物可能没有维克多的科学知识，但他对自己的创造者行为的伦理和社会后果有更好的理解。自学成才的生物能够胜过接受过大学教育的维克多·弗兰肯斯坦，这对一个只有两岁的"孩子"来说已是相当不错。

因为外表，这个怪物从被赋予生命的那一刻就被世人抛弃了。当这只生物第一次颤动，"吃力地呼吸起来，有生命的手脚也开始动弹，像是抽搐"，维克多完全是在恐惧中冲出了房间。他甚至没有留下来见证这个怪物在世上试探性走出的第一步。

几个小时后，怪物开始行走，跟着维克多进了他的卧室。维克多看到这个怪物的脸颊皱了起来，似乎在微笑，发出含混的声音。但维克多太害怕了，无法分辨它们是否是连贯的单词。当那个怪物向维克多伸出手时，他觉得再也难以忍受，就逃了出去。

大半个晚上，维克多在住处的院子里踱来踱去，烦躁不安，无法回去面对自己的作品。到了早晨，他漫无目的地冲出去，走上因戈尔施塔特的街道。徘徊之中，他跌跌撞撞碰到了从日内瓦来的童年朋友亨利·克莱瓦尔。后者刚刚到这里开始做学术研究。维克多为再次见到老朋友而兴奋，邀请克莱瓦尔去他的房间，完全忘记了留下的那个怪物。但他及时意识到了，把朋友留在外面，急忙去搜查房间。令维克多松了口气的是，那个怪物不见了。之后的两年里，他再也没见过自己的作品。

对克莱瓦尔有可能遇到他那可怕怪物的恐慌，还有几个月以来紧张而疲惫的劳动，令维克多在"神经性发烧"中不自觉地崩溃了。克莱瓦尔把自己的研究放在一边，全心帮助维克多恢复健康。维克多做了噩梦，语无伦次地咆哮着。但恢复知觉后，他小心地向每个人隐瞒了受创伤的原因。

终于，维克多康复了，有足够的气力回到日内瓦。就在他即将启程时，家里传来了悲惨的消息。人们发现维克多的弟弟威廉被勒死了。

维克多立刻赶回家，但还是到得太晚了。日内瓦的城门已经关闭，他被迫待在附近的塞赫伦过夜。因路程耽搁而沮丧的他走到发现弟弟尸体的地方。在日内瓦湖上空，一场风暴正在形成。闪电照亮了周围的山脉。远处，闪电照亮了天际线，维克多看到了他的怪物那巨大的身影。他立刻确定这个怪物要为他弟弟的死负责。

威廉的死又引发了另一个悲剧。当时弗兰肯斯坦家里的女仆贾斯汀被判犯有谋杀威廉的罪行，维克多完全知道贾斯汀是无辜的，但无法证明这一点。他甚至不敢在她的庭审辩论中说出来，他害怕没人会相信。

贾斯汀在绞刑架上的死，让维克多再次陷入深深的抑郁。晚上，他习惯避开所有人，花几个小时在湖边。有一次，他决定动身前往查莫尼克斯山谷。

他的精神在童年熟悉的美景中振奋起来。他开始探索蒙坦弗特广阔的冰原，即第四章提到的勃朗峰上的冰川，1816 年夏天玛丽和珀西·雪莱参观过的地方。

当到达冰川的最高点时，维克多回头看了看冰海。远处，那个怪物出现了，以惊人的速度向他扑来。这是怪物复生后两人的第一次见面，而维克多的反应是攻击他。怪物很容易就躲开了，他的动作比维克多的动作更快、更稳当。怪物也更加雄辩，他说服维克多听听自己的故事，再对他作出判断。

怪物对维克多讲了自己过去两年的生活。复生后，他被遗弃，只能自己想办法活下去。他从维克多的公寓逃走，对自己头一回体验的种种感觉困惑不已。他在因戈尔施塔特附近的森林中漫无目的地走。第一次见到维克多的经历，已经表明他会吓到人类，但直到他遇到一个陌生人时才证实了这一点。他遭到人们的攻击、殴打和追赶。被遇到的每个人唾弃。他很快就懂得要避开其他人。他躲在森林里，学会靠采集食物生存。他越来越深入地探索周围的环境，他遇到过另一些人留下的火堆，体验到了它所散发的温暖，却不知自己该如何生火。

即便是这些基本技能，比如走路、找衣服保暖、把自己喂饱等，都是巨大的成就，远远超出了人类新生儿所能做的。也许怪物借用的大脑里，保留了生前这些观念和行动的记忆。如果是这样的话，他的记忆是非常有选择性的。他似乎不知道他的大脑或他身体的其他部分曾经有过任何生命。

从科学角度来看，维克多的实验是一场难以置信的成功。他不只是从死里复活，似乎还改进了人类的身体技能。这个怪物强壮、聪明，不像人类那样怕冷，能够依靠简单的食物生存，比如坚果和浆果。怪物在森林中的生活非常类似于被启蒙运动哲学家们推崇的野蛮人的理想生活，比如沃尔涅（我们很快会再谈到他）

和保尔·霍尔巴赫，玛丽和雪莱都曾在《弗兰肯斯坦》出版前读过他们的作品。

雪莱的朋友托马斯·洛夫·皮考克在小说《鲁莽大堂》中曾讽刺过有关野蛮人的理论。在这本书及其发表于 1817 年的小说《梅林考特》中，皮考克从人类进化的角度讨论了野人。18 世纪，某些在遥远大陆发现的类人猿，如大猩猩[1]，还有红毛猩猩[2]，被视为人类的退化形式。

出于讽刺的目的，皮考克将有关高贵的野蛮人和野生灵长类动物的想法推到了荒谬的极致。《梅林考特》中的人物奥兰·豪顿爵士是个野蛮人，他被驯服、教导，甚至一时被提名参加英国议会选举。这个人物与玛丽的怪物之间有许多共同的品质，他非常强壮、丑陋，有强烈的是非观，并且显然是聪明的。然而，就像后来的戏剧和电影对怪物的表现一样，他是哑巴。《梅林考特》出版于 1817 年，当时玛丽正在写《弗兰肯斯坦》，《梅林考特》是对雪莱夫妇及其朋友们作品的戏仿，也是一部针对当时政治和社会问题的讽刺作品。大约在这段时间，雪莱夫妇常常与皮考克长时间待在一起，也许这些书就是从他们的谈话中产生的。

皮考克的小说《梅林考特》也借鉴了"野人"的案例。这些案例如今被认为是对一些人，通常是儿童的描写，他们似乎在没有与人类接触的情况下度过了幼年生活。这些人中有几个是在 18 世纪和 19 世纪初发现的，他们的一些情况和特征与玛丽的创造物

---

1　大猩猩（gorilla）一词来源于古希腊单词 Gorillai，意思是"长毛女人部落"，首次使用这个词的是公元前 5 世纪的航海家汉诺，尽管我们不大清楚他实际描述的是如今所知道的现代大猩猩还是另一种猿类或猴子。

2　红毛猩猩（orangutan）这个名字来源于马来语和印度尼西亚语，意为"人"，utan 意为"森林"，因此从字面上这些灵长类动物实际上是指"森林中的人"。

有相同之处。

另一个关于野人的信息来源是雪莱的医生威廉·劳伦斯。虽然劳伦斯是第三章讨论的活力论辩论的主要人物，可他也能提供关于野生人类和其他"怪物"的信息。

劳伦斯对野人特别感兴趣，他称之为"野蛮人"。在他的著作《关于生理学、动物学和人类自然史的讲座》中，他引用了1724年在哈梅林（传说中的吹笛手小镇）附近发现的野生男孩彼得的事例。彼得被发现时，估计已经有12岁了，不会说话，但据称有敏锐的听觉和嗅觉，行为"相当野蛮原始"。他起初连面包也不吃，只喜欢去皮的绿色木棍，或者嚼草来吸食草汁。

彼得适应了人类的生活，去英国见过皇室成员，活到了70岁高龄，但从未学会说话。彼得早期的野性生活，与维克多的怪物第一年野外生存时从树林里觅食，有几分相似之处。[1]

彼得并不是唯一与人类分离的野生男孩。另一个事例出现在法国的艾维伦。1800年，人们发现一个小男孩生活在野外。这件事很有趣，因为它与玛丽同时代，而且孩子的名字就叫维克多。被发现时，维克多大约12岁，从他的行为和身上的伤疤来看，显然他出生之后大多数时间都过着荒野生活。虽然他似乎明白人们对他说的话，但他只学会了说和写几句话，从来未曾完全融入人类文明。[2]

可能就是劳伦斯进一步启发了玛丽笔下怪物的身体特征，以及他的身份是不同于人类的物种等想法。劳伦斯对医学上的怪物特别

---

1　对彼得病例的现代分析表明，他患有罕见的遗传疾病——皮特-霍普金斯综合征，医学表现为某些面部特征和学习困难。有这种病症的人很少学会说几个字以上的话。
2　有人认为维克多患有自闭症，而且在幼时被虐待过。

感兴趣，还拥有自己的藏品。他甚至在《里斯百科全书》中写过关于怪物的文章——这是亚伯拉罕·里斯编制的一部百科全书。劳伦斯的大部分条目侧重于对出生缺陷的描述，如连体双胞胎、独眼巨人或其他身体缺陷等。

劳伦斯对人类如何演化有着浓厚的兴趣，从他发表的演讲中可以看出这一点。在研究一个出生时缺少部分大脑的男孩时，他把这种兴趣发展到了极致，亲自在房子里照顾他。他的一些发现被写入《里斯百科全书》关于"怪物"的文章里。其中一个简短的章节甚至讨论了出生缺陷的案例，这些缺陷导致了人与动物的相似之处，其中可能暗示了人类—动物杂交的想法。不过，他评论说，虽然有几个疑似的历史案例，但他的同时代人不太可能会如此定义。但这也显示，历史上的某个时候，人兽混血儿的确存在，而不只是神话里才有的生物。

至于这些缺陷的原因，他引用了一种常见的误解，即缺陷是怀孕期间发生的某些事件或孕妇受到的某些伤害引发的。这意味着母亲的情绪或行为可能影响孩子的外表，尽管他对这种缺陷是如何发生的没有做出更多解释。就 18 世纪的思维方式而言，维克多的怪物在被制造的过程中，可能会受到维克多本人情绪的影响。

如何将身体和精神特征传递给下一代，是 18 世纪一个相当重要的争论话题。《里斯百科全书》早在所有遗传学概念出现之前就已经出版了，甚至早于查尔斯·达尔文的进化论。但随着时间的推移，物种演化的想法已开始生根并发展起来了。

除了其他作品外，劳伦斯还翻译了几篇拉丁文的医学文本，我们熟悉的有德国著名科学家的著作，如约翰·弗里德里希·布鲁门巴赫的《比较解剖学》。这部著作突显了从哺乳动物到爬行动物再到昆虫等大量动物的差异和相似之处。当维克多·弗兰肯斯坦制造他的生物时，这本书很容易成为他的材料目录。在翻译中，劳伦斯增加了相当多的注释，他以布鲁门巴赫的种族理论作为考虑人类起源的起点，思考不同种族的人究竟是分别起源的，还是有一个共同的祖先，随着时间的推移而产生了多样化。他还思考了人类和其他动物之间的关系。

　　动物的比较是进化理论发展过程的一个重要步骤，但将人做分类比较，虽然当时的人们可以接受，今天我们阅读起来则会非常不舒服。

　　这些围绕人类本质，以及人类是由不同的种族还是不同的物种组成的讨论，正是在玛丽写作《弗兰肯斯坦》的时代背景下进行的，因此她会将笔下的生物描述为"一个新物种"和"一个新种族"。她用这种生物的外表作为他与其他人类区别的标志。

　　这一生物的成长，可以视为人类发展的加速版本。从原始的狩猎采集到在社区集体工作，共同耕种、相互支持、接受治理和教育。早年在森林里学习到生存的基本知识后，怪物成长到足以在社会里讨生活。然而，他很清楚自己的外表对人类的影响，于是小心地把自己隐藏起来。他很幸运地找到了一座小屋，旁边有个棚子，他可以住在棚子里面，观察小屋里的住户的情况。怪物独立生活，在森林里学会养活自己和穿衣服，又向公共生活靠近，然后学习，这些与 C. F. 沃尔涅在他的书《帝国的灭亡》中所描述的人类发展相似。沃尔涅的作品恰巧也是怪物学习抽象知识的入门书。

　　怪物选中这处住所非常幸运，因为小屋的居住者表现出启蒙运动中许多激进的理想。他们受过教育，善良、勤奋，对财富和个人利益没有什么兴趣。怪物很聪明，小心翼翼地观察着小屋的居民，包括一位年迈的盲人父亲和他的两个成年子女，试图了解更多的人类行为并学习语言。当儿子的土耳其未婚妻莎菲来到这里，开始学习这个家庭的母语法语时，怪物充分利用了她的语言课，学习成效还很快就超过了她。

莎菲借助沃尔涅的《帝国的灭亡》学习法语。它出版于1791年，是启蒙运动时期最具革命性的作品之一，激进地反对宗教和政府的必要性。这部书也深受威廉·戈德温和雪莱夫妇喜爱。沃尔涅是本杰明·富兰克林的朋友，书中对电学也做了简短的介绍，充分说明沃尔涅紧跟最新的科学进展。这本书是在伽瓦尼做青蛙实验的新闻广泛宣传之前写作的，但已经有人开始怀疑电与激活生命之间存在联系，沃尔涅则清晰地建立了这种联系。

怪物不仅学习了口语。通过找到的书，他还开始欣赏在邻居身上发现的人类习俗，并能够通过莎菲的课程将其与对应的语言联系起来。他自学阅读，发现找到的书变得容易理解了，他在不断学习和进步。非常幸运，他偶然间找到的三部作品是：约翰·弥尔顿的《失乐园》、歌德的《少年维特之烦恼》和普鲁塔克的《名人传》。这些书都为启蒙理想提供了很好的介绍，几乎正是威廉·戈德温在《政治正义论》中推荐的那种教育。

起初，怪物认为自己与《失乐园》中的亚当处境相似。某种意义上说，亚当也是由另一个人制造的，而且起初也是独自来到世间。但随着教育程度的提高，怪物发现他更像是弥尔顿的堕落天使，后者也受到厌恶和鄙视。但他说道："撒旦还有伙伴呢，有一伙魔鬼做伴，崇拜他，鼓励他。可我却是独自一人，人人见了都恐惧。"弥尔顿笔下的撒旦被认为是最令人厌恶的生物，但最终他是比亚当更令人难忘的形象。我们发现自己会同情这个残忍、丑陋而暴力的怪物。

《少年维特之烦恼》是歌德的成名作。这部半自传体小说通过一系列信件讲述了一段命中注定的爱情。维特爱上了绿蒂，但她要嫁给艾伯特。维特被他所爱的人拒绝，他自杀了，作品也暗示绿蒂心碎而死。这本书在 1774 年出版时引起了轰动，引发了"维特热"——人们将自己装扮成书里失败英雄的样子，据说甚至发生了一些效仿性质的自杀。它的浪漫主义风格对包括拜伦、雪莱和玛丽在内的许多欧洲作家产生了巨大的影响。《弗兰肯斯坦》中，这个与维特有关的生物也被他所爱的人拒绝了，他或许也在寻找自己的绿蒂。

怪物的图书馆里的第三本书是普鲁塔克的《名人传》——写于公元 2 世纪的系列伟人的传记。书中的人物是成对出现的，用以对比他们共同的美德与失败。每对由一个罗马人物和一个希腊人物组成。从这本书里，怪物学到了道德规范。短短一年时间里，怪物不仅掌握了语言，对他的小图书馆里的内容也有了透彻的理解。

怪物只需在窗户边听着，就能快速学会这么多东西，还幸运地拥有内容丰富的小图书馆，都显得不太可信。这一点，即便是那些总体上对《弗兰肯斯坦》表示肯定的早期评论者也有所诟病。如果说怪物的教育还缺乏点东西，可能只是科学，而维克多·弗兰肯斯坦的实验室记录本恰好可以提供。它们放在怪物逃跑时从维克多房间取走的衣服口袋里。

除了创造自己的细节描述，怪物也读到了维克多对其造物的印象。随着怪物的进步，他完全理解像"肮脏的造物"这样评价的含义，并学会仇恨他的创造者。维克多的兄弟威廉被谋杀，怪物把责任推到贾斯汀身上，这是对维克多虐待和忽视他的蓄意报复。

怪物在蒙坦弗特与维克多的对抗是有意为之的。他来到遥远的冰川，不是为了毁掉维克多，而是要和他谈笔交易。怪物承诺不伤害维克多或其他任何人，条件是为自己换取一个同伴。他知道人类对他的恐惧和厌恶，所以他要求再造一个像他自己一样的同类。

如果维克多再创造第二个生物，一个雌性，作为怪物的伴侣，那么怪物便会就此满足，承诺自己和伴侣将远离人群，在偏远的地方平静地生活。怪物提出要生活在南美洲，这是一片刚被发现的世界，在亚历山大·冯·洪堡大受欢迎的作品（我们在第三章提过）里出现过。这片人烟稀少的地方，足以让这两个怪物躲开人类不被发现。维克多同意了。

第二个怪物的制造很有趣。维克多知道，在他缺席的两年，科学和学术研究取得了飞速进步。最好的生理学家如今在英国。所以他去那里更新他的知识并收集材料，开始为他的怪物制造一个女性伴侣[1]。这一次，材料几乎肯定是来自盗墓者，在英国，维克多没有其他可用的身体来源。

创造第二个生物的地点位于苏格兰一个偏远的岛屿，一个重新翻修的两室小屋里，比制造第一个生物的公寓房间更简陋。在这个偏僻的地方，就连淡水都是稀缺资源。这与电影精心布置的实验室相去甚远。但是，第二个生物的创造花费的时间要少得多——仅仅几个月——显然维克多从他的第一次经历以及他在伦敦与科学界的接触中学到了很多。在相对较短的时间内，维克多的第二个项目即将完成，但他对自己的工作成果依然感到震惊。无论维克多在创造生物方面取得了多少进展，在样貌提升方面，他的进展甚微。

在决定是放弃这项工作，还是继续完成他可怕的任务时，维克多停下来思考他究竟将做出什么。他第一次的造物承诺将永远

---

1 他的英格兰之旅与玛丽和雪莱沿着莱茵河旅行的行程一致。玛丽·雪莱再次描述了曼海姆周围的风景和弗兰肯斯坦城堡的地点，但仍然没有提及城堡本身。

离开人类，但并不能保证第二个造物，那个雌性也会同意。也许从他以前的错误中吸取了教训，他开始思考制造第二个生物可能造成的结果。

维克多对两个强大怪物的未来，他们在一起可能产生的后果，片刻间就有了认识以及恐惧。他承认，他创造的生物更加强壮，更适合在极端的条件下生活，这些品质可能会使他们在进化方面具有竞争优势。如果这些生物有了后代会如何？维克多会不会成为制造出能够威胁人类的强大生物的罪魁祸首？此前维克多几乎没有思考过创造生命的意义，这时则转向疯狂的推测。然而，他的推理并不那么牵强。

事实上，维克多既然认为这两个生物能够繁衍许多后代，表明他认为它们是同一物种，即使它们是由各种动物组成的。同一物种的现代定义是，两个动物能够育出后代。

在 18 世纪晚期，人们有关生育的知识还很贫乏，更不用说遗传理论了，连遗传的概念都尚未出现。但动物形态在长时间里会发生演化的观点已开始出现。即便其机制还远未被理解，关于某些身体特征能被继承的想法已经得到了充分的证实。

玛丽提出她的生物能够孕育一个超人种族，这也许表明她对拉马克的进化理论有所了解。让-巴蒂斯特·拉马克在 1809 年提出了一种理论，认为动物在生命中所做的改变，如长颈鹿把脖子伸得更远以获取更多叶子的特点，能够传给后代。这一理论完全符合维克多用于构造怪物的材料，可以将自身的特性传递给后代。

根据拉马克的理论，很难理解为什么有些特征似乎能被继承，而另一些则不行。失去肢体的动物仍可以生出四肢完整的动物。有些显然是健康的动物，却可能生出畸形的后代，正如劳伦斯在他对"怪物"的描述中所讨论的。突变和遗传的思想——很晚才由查尔斯·达尔文和格雷戈·孟德尔等人开始建立，之后由其他人证实和阐发——认为并非生活过程里获得的特性将被传承下去。相反，每个新生儿都是由卵子和精子内的遗传信息构成的，这些信息在受孕时已经融合在一起。除非维克多·弗兰肯斯坦能够改变他制造的生物的精子和卵子里的遗传信息，否则它们的后代就会类似于这些原材料供体。

但维克多对此无从得知。对于 18 世纪晚期的自然哲学家来说，假设他的两个造物的后代在身高和力量上与之相似，并非毫无道理。从这个角度来看，维克多的恐惧是合理的。

最近的一个思想实验试图模拟维克多合成物种的繁殖演化，假设这对怪物真能成功培育一个超人种族。如果它们在 18 世纪后期前往人口相对稀少的南美洲，不会遇到什么食物方面的竞争。这些生物的优势力量和明显的适应性表明，仅凭一对夫妻的生育，这些生物就可以在 4000 年内消灭人类。资源竞争导致物种灭绝的概念领先于玛丽的时代几十年。玛丽写作中所反映出来的这种原始进化论观点，实在令人钦佩与惊叹。

一群生物威逼乃至战胜人类的可怕前景太恐怖了，简直无法想象。于是，就在复活雌性生物的最后一刻，维克多把尸体扯开，碎片扔进海里。怪物被激怒了，发誓要报仇。为了给创造者带去最大的痛苦，怪物毁掉了维克多在乎的所有人和所有东西。他最好的朋友亨利·克莱瓦尔是怪物新一轮谋杀的第一个受害者；维克多的妻子在新婚之夜被怪物勒死；维克多的父亲听到这个消息后不久就精神崩溃了。

失去亲人摧毁了维克多，他发誓要在怪物再次杀人之前毁灭它。而这显然是怪物试图挑起的反应，以促成双方的面对面对抗。

维克多开始在欧洲各地追捕他的怪物。当他被疲惫和旅途削弱了力气时，怪物等待着，给他的创造者留下食物来积蓄他的体力，并引诱他一直向前。就在小说开始的北极地区，这场追踪结束于此。

维克多向他的救援者沃尔顿讲述自己的故事时，船长最后一次试图向维克多学习赋予生命的秘密，但他拒绝透露。虽然他承认自己的"激情缺乏节制"，他的工作带来了死亡和痛苦，但维克多并不后悔。他认为，科学与获得新知仍然是一种崇高的追求，他希望其他人在自己失败的地方取得成功。最终令他失望的只是，他没有亲自抓住他的造物并杀死它，他恳求沃尔顿完成自己有生之年无法完成的工作。不久，维克多就死了。

沃尔顿回到放着维克多尸体的船舱时，发现那怪物就站在他的创造者的遗骸边。最终的场景是，怪物向船长承诺将带走尸体，并搭起一个火葬柴堆，彻底摧毁自己和自己的创造者。最后一刻，船长看到怪物带着他的创造者，消失在北极的薄雾中。然而，在这部精彩作品的最终篇章里，我们并未看到怪物的结局。它最终的命运无人知晓。

# 第十三章　死亡

幸福地活下去，也让别人幸福吧！

——玛丽·雪莱《弗兰肯斯坦》

维克多·弗兰肯斯坦和他极具特色的生物于 1818 年来到这个世界。这部小说起初为匿名出版，只印制了 500 本，哪怕在那个时代也不算多。经济方面，它只给玛丽带来了 28.14 英镑（今日约合 2000 英镑）收入，但成功可以用不同的方式衡量。19 世纪初，书籍是一种昂贵的商品，会被分享和讨论。《弗兰肯斯坦》可能不会一夜之间就让人发财，但它默然进入人间后不久，就广为人知了。小说渐渐地、几乎不知不觉地进入了公众视野，维克多·弗兰肯斯坦、他的怪物和玛丽·雪莱本人都出名了。

玛丽·雪莱在 1817 年 12 月底收到了她处女作的印刷品，但这本书直到 1818 年 3 月 11 日才由兰登书屋正式出版。就像维克多放弃了他的创作一样，玛丽起初也放弃了《弗兰肯斯坦》。出版当日，刚好是雪莱一行前往多佛做第三次出国旅行的同一天。自从 1814 年他们第一次私奔去法国后，小分队的人数增加了。这一回，雪莱一行包括 8 个人：雪莱、玛丽和他们的两个孩子（威廉和克拉拉）、克莱尔·克莱蒙特，以及她与拜伦勋爵的女儿阿莱格拉，还有雪莱的仆人埃莉斯和保姆米莉·希尔兹。他们计划从英国出发去意大利。

雪莱在第一任妻子哈丽特自杀后，一直试图获得双方孩子的监护权。但法院因其无神论主张而拒绝了他的申诉。抛弃前任和玛丽生活在一起的丑闻，对他的案子可能也没什么助益。他们决定离开英国的另一个因素是，马洛的房子环境潮湿，影响了雪莱的健康。他们的财务状况也仍然很糟糕，随着家庭成员的不断增多，在国外生活会更便宜。

这一次，他们去意大利的旅行将是"有益的"，他们对前景十分期待。对其中的大部分人来说，他们的预感是正确的，尽管是出于非常糟糕的原因。比如玛丽去意大利是由于悲剧与丑闻缠身。他们离开时并不会知道，一行人里最终只有两个回到了英国。

《弗兰肯斯坦》被留在英国自生自灭。对玛丽的处女作、她"丑陋的后代"的评价褒贬不一，这些评价几周后就通过朋友寄来的信件和报刊接踵而至。

✦ ✦

对这本书的评价好坏参半，但总体上比对雪莱作品的评价要好一些。许多人对作品的宏阔想象力与勇敢的设想称赞不已。杂志《拉贝尔合唱团》认为这部作品"原创、大胆、写得很好"。也有些人不喜欢它。比如，玛丽在 1818 年 10 月读到《季刊》中特别讽刺的评论，将这部小说定性为"一张可怕的、令人厌恶的、荒谬的纸巾"。同一期还刊有对珀西·雪莱的攻击性评论。但没有证据显示玛丽读过整本杂志，她没有提过对杂志内容的看法。

有些评论家的措辞节制一些，他们认为《弗兰肯斯坦》是对威廉·戈德温《圣莱昂》的拙劣模仿。几乎所有人都认为它受到了戈德温作品的影响。这是很多人不喜欢这部小说的原因，不是因为其中的什么恐怖情节或可怕形象，而是因为它明显受到了戈德温思想的影响。

沃尔特·斯科特爵士在《布莱克伍德的爱丁堡杂志》上发表了一些表达赞赏的评论。在对情节中某些匪夷所思的部分做了建设性的批评后，他写道："总的来说，这部作品给我们留下了作者天才创作和愉悦表达的美好印象。我们……祝贺读者，因为一部小说激发了新的思考和从未有过的情感体验。"

玛丽很早就给斯科特寄过一本《弗兰肯斯坦》。他是玛丽非常钦佩的一位作家，因为《弗兰肯斯坦》，这种钦佩变成了相互的。不过，斯科特原本以为作者是雪莱，玛丽不得不礼貌地纠正他。他不是唯一错误分配了著作权的人。关于谁才是这部大胆小说作者的猜测第一时间就存在。虽然作品的特质表明幕后可能站着威廉·戈德温，但《弗兰肯斯坦》正好是献给他本人的事实，否定了这一想法。下一个可能的候选人被认为是雪莱，这也是个持续了相当长时间的传说。

无论评论是否正面，这部书肯定引起了广泛的兴趣和讨论。1818 年 11 月，雪莱的朋友托马斯·洛夫·皮考克在一封信里谈到了他在埃格姆比赛时的经历，据称每个人都在谈论《弗兰肯斯坦》。皮考克被问及这部小说及其作者，"它似乎已是众所周知、被广为阅读"，哪怕它还没有得到普遍的赞扬。

雪莱一行于 3 月 30 日抵达意大利，起初停留在米兰。玛丽忙得不可开交，她的日记并没有提到有关《弗兰肯斯坦》的反响。前往意大利的诸多原因之一是，将婴儿阿莱格拉的监护权交给当时住在威尼斯的拜伦勋爵。拜伦同意照顾自己的孩子，条件是克莱尔与

她脱离关系。他甚至不想让克莱尔再见到她的女儿。雪莱一家最初对这一提议十分愤怒，但最终还是认定，阿莱格拉在一个享有各种特权的富有贵族家庭长大更有好处。于是，这个 18 个月大的孩子被送到了拜伦家。

职责完成，玛丽、雪莱、他们的孩子和克莱尔可以自由地开始新生活。从米兰出发，他们动身去了利沃诺（英国人称为莱霍恩），之后来到卢卡，这里让他们想起了马洛。回到温暖的环境，雪莱的健康明显有了改善。玛丽正在为她的下部小说寻找新的故事。然而克莱尔过度思念女儿，一直对拜伦纠缠不休。拜伦起初对女儿很喜欢，但好像很快就厌倦了，把她交给霍普纳（Hoppner）一家照顾。

玛丽和雪莱都希望拜伦能放松对克莱尔探望女儿的禁令，1818 年 8 月，克莱尔和雪莱一起去了威尼斯。他们计划由雪莱说服拜伦，让克莱尔去见阿莱格拉。拜伦同意了。他以为雪莱一行都在附近，还把自己在埃斯特的一套房子提供给他们住。其实玛丽正在佛罗伦萨找房子，他们希望在那里定居。

雪莱给玛丽寄了一张便条，让她在拜伦发现她不在之前，赶紧来埃斯特。玛丽和小克拉拉不得不在炎热的天气里，尽可能快地穿越意大利。克拉拉病倒了，随着旅行路程越来越长，情况越来越糟。9 月 14 日到达埃斯特时，克拉拉患上了痢疾。9 月 24 日，孩子的情况很不好，雪莱预约了 8 点在帕多瓦看医生。这意味着玛丽和她生病的女儿从凌晨 3 点半就要准备出门。克拉拉在行程中病情更加严重，但玛丽没有在帕多瓦停留，而是被丈夫催促着继续赶路，雪莱许诺在威尼斯有更好的医生。玛丽和克拉拉一起赶到了，但为时已晚。就在雪莱去找医生，把他带到玛丽和女儿休息的旅馆时，克拉拉在玛丽的怀里抽搐着死去了。

玛丽忍住了失去女儿的痛苦，投入了霍普纳提议的娱乐活动，以分散注意力。她还努力地誊抄拜伦的一些诗作，但雪莱仍看出妻子非常痛苦。此外，拜伦依然拒绝把阿莱格拉交给雪莱一家，因此，11月，雪莱、玛丽和仅剩的儿子威廉以及克莱尔离开威尼斯前往那不勒斯。

在那不勒斯过冬后，第二年，也就是1819年，雪莱一行搬到了罗马。他们喜欢这个城市，参观了竞技场和其他景点。玛丽有个绘画老师，克莱尔有个唱歌老师，雪莱则在写作。他们不愿离开，但夏天就要来了，这总会带来难以忍受的炎热以及发烧的风险。

雪莱仅剩的孩子威廉病了。玛丽和雪莱知道，为了他的健康，他们必须离开罗马。但他们走得太晚了。5月27日，心爱的儿子病倒了。医生接到电话，玛丽和雪莱急切地希望能治愈他。这个3岁的男孩因为罗马周边沼泽聚集的蚊子感染了疟疾。1820年6月7日，他死了。父母非常伤心，比失去其他孩子更加伤心，因为威廉一直是他们最爱的孩子。玛丽是最痛苦的那个人。

这对夫妇没有孩子了。但玛丽一定知道，或者至少怀疑过自己第四次怀孕了。一个接一个地失去孩子，这非常可怕，玛丽一定很担心这即将降生的孩子。她心烦意乱，陷入深深的抑郁。雪莱写道：

> 我最亲爱的玛丽，你为何离开
> 独留我在这凄凉的世上？
> 你的身体确实在这里——多可爱的身体
> 但你已逃掉，走在一条沉闷的路上
> 通向悲伤最昏暗的去所。
> 为了你的缘故，我不能跟随你
> 请为我而归。

威廉被埋在罗马的一座墓地后不久，玛丽、雪莱和克莱尔搬到了利沃诺，但仍未定居下来。9月，他们到了佛罗伦萨。玛丽试图用写作安慰自己，但唯一真正让她摆脱抑郁的，是1819年11月12日他们第四个孩子珀西·弗罗伦斯·雪莱的出生。

总的来说，意大利旅居期间，玛丽和雪莱在写作方面都很有成效。雪莱在1819年创作了《铅笔》，在1820年创作了《解放了的普罗米修斯》等许多名作。玛丽虽然还处于抑郁的深渊，但在1819年8月或9月也完成了一部简短的自传体小说《玛蒂尔达》。她把手稿寄给伦敦的父亲去安排出版，但他发现小说的主题包括乱伦和自杀，这些太有争议了。于是他没有把手稿寄给任何出版商，也拒绝还给女儿，尽管她一再请求。这部小说直到1959年才出版。

1820年初，某种程度上生活已经稳定，每日都是写作、拜访朋友、照顾婴儿珀西。雪莱一家也再次行动起来，这次去的是比萨。但他们的烦恼还远远没有结束。1820年夏天，他们收到了前仆人保罗·福吉一封令人不安的信。他试图以那不勒斯发生的一件事勒索他们。

1818到1819年的冬天，雪莱夫妇和克莱尔在那不勒斯期间，出过一桩怪事。1818年12月27日，一个名叫艾琳娜·阿德莱德·雪莱的孩子在地方当局登记出生。父母的名字登记为珀西·比希·雪莱和他的妻子。这个孩子于1819年2月27日接受洗礼，在1820年6月10日勒索信送达前不久死去了。这些是已知的事。保罗指控说，艾琳娜是雪莱的女佣埃莉斯（保罗娶了她）与雪莱的孩子。无论雪莱和那个神秘的孩子有什么关系，当他们从那不勒斯搬到罗马时，都没有带上她。

玛丽在那不勒斯期间的日记里，没有提到过收养或生孩子的事，只在1819年2月28日写了一句"大吵一架"，也没有写过任何关于 1820 年那场死亡的事。整件事都笼罩在神秘之中。这个孩子可能已经被收养了；玛丽和雪莱过去曾试过收养孩子，但只是一时兴起。也许这次他们成功了。然而，这次指控的是雪莱与埃莉斯或克莱尔生下了孩子。雪莱对此极力否认。玛丽坚称，如果克莱尔生过第二个孩子，她一定早就知道了。另一些人则认为这个孩子属于埃莉斯，但父亲是拜伦。

唯一可以确定的是，孩子不是玛丽的。不管发生了什么，谣言在雪莱的意大利朋友之间四散，纠缠了他们许久。即使与保罗达成了协议，玛丽和雪莱仍然承受着相当大的压力。

1820 年 8 月，玛丽终于实现了与克莱尔分开生活的愿望。6 年来，他们三个几乎一直同居，而此时，克莱尔在佛罗伦萨找到了一个家庭教师的职位。玛丽一直忙于照顾小珀西，此时又着手写作另一部小说《瓦尔帕加》。《瓦尔帕加》是一部历史小说，玛丽对此进行了大量的研究。评论家们对这部小说的历史真实性多表示赞赏，但在当时它更多被视为一个历史背景下的浪漫故事。戈德温在 1821 年至 1823 年间对这部小说进行了编辑，并于 1823 年出版了它。

5 岁的阿莱格拉此前一直由拜伦照料，1821 年 3 月被送入一所修道院。在雪莱看来，这比和拜伦一起生活要好，他认为拜伦的生活方式并不是适合孩子的环境。阿莱格拉不会再回到克莱尔身边，不管克莱尔如何提出抗议。克莱尔和拜伦之间仍然有相当大的敌意，此外还存在其他的考虑。拜伦对雪莱夫妇作为女儿的养父母有疑虑，因为他们都是素食主义者和无神论者。

雪莱去看望了在修道院的阿莱格拉，而拜伦从没有去过。小女孩跟雪莱回忆了父亲和"妈咪"——拜伦的情妇，记忆里却没有亲生母亲克莱尔。克莱尔坚决反对让阿莱格拉留在修道院学校，请求雪莱把她带走。克莱尔为营救女儿提出了各种异想天开的计划，包括拜伦和雪莱为了孩子的监护权而决斗的场景。除了克莱尔，每个人都知道这不现实。

克莱尔为女儿感到忧心。在 1822 年 4 月 20 日阿莱格拉因发烧而死亡时，人们尽可能久地向她隐瞒了消息。12 天后，她终于知道了。她表现得非常平静。

1822 年夏天，从来居无定所的雪莱一家，此时决定在利沃诺租一栋房子。他们要和好朋友威廉姆斯一家——爱德华、简和他们的孩子搬过去。它更偏北，靠近海岸，比他们当时在比萨的家要凉爽。但没有多少合适的房产可供选择，最后，雪莱一家被迫妥协，租下了一所叫马尼居的房子，靠近莱里奇，就在离利沃诺海岸不远的地方。这里不仅位置不便，还不得不与朋友威廉姆斯一家合住。

马尼居的房间被划分给两个家庭。整日里熙熙攘攘，威廉姆斯和雪莱的仆人们"像猫和狗一样"在这所阴郁的房子里工作，它紧靠着利古里亚海，终日被海浪拍打。家具和家用物品必须由轮船运到房子里，只有一条小路通向莱里奇。附近没有其他的房子，去任何一个城镇或村庄都要走上好一阵。玛丽讨厌它，但雪莱看好这里可以随时航行，还可以与威廉姆斯一家待在一起，而且拜伦家也在附近。

雪莱和爱德华·威廉姆斯定制了一艘游艇，这样他们就可以出海航行了。拜伦也定制了一艘游艇，他们暗中竞争着，都试图在设计上超过对方。拜伦自然是赢了，他的"玻利瓦尔"号上甚至装上了加农炮。为了戳人痛处，他还故意将雪莱和威廉姆斯的小游艇命名为"唐璜"，出自自己的诗作，尽管雪莱想叫它"阿里尔"。拜伦把"唐璜"的名字直接画在帆上。雪莱和威廉姆斯拼命想把它擦掉，但没成功，最后他们不得不把写着"唐璜"名字的那块帆布割掉。

威廉姆斯夫妇和雪莱夫妇会结伴出海，玛丽的心情偶尔有所好转。她又怀孕了，接连失去三个孩子后，她一定很焦虑。玛丽越来越孤僻，常避开丈夫。她和简·威廉姆斯在一起的时间越来越多。不过，这对他们来说都是艰难的时刻。雪莱正遭受着噩梦和幻觉的折磨。他看到刚刚死去的阿莱格拉从海面上升起，向他走来。

6月16日，玛丽流产。如果不是丈夫及时救她，她自己也会大出血而死。雪莱一把抱起玛丽，把她扔进装满冰块的浴缸里。在医生到达前，他几乎没什么能做的。此后玛丽被强制躺在床上休养。

玛丽因流产而身体虚弱的那段时间，雪莱和爱德华·威廉姆斯坐着游艇去了利沃诺，见亨特一家。雪莱在马洛的老朋友亨特一家刚从英国来意大利，这也是个为马尼居置办些东西的机会。玛丽和简·威廉姆斯留在了房子里。

他们于7月1日抵达利沃诺，7月8日再次启程返回莱里奇，18岁的查尔斯·维维安当他们的船童。如果他们注意到没有其他船只一起离开港口，也许会推迟行程。他们也没有留意到，雷雨云已在地平线上聚集。他们出发后不久，暴风雨就来了。

马尼居里，玛丽和简耐心地等待丈夫们的归来，但一直没有踪迹。7月12日，利·亨特寄来一封信，说两人已经离开利沃诺，询问是否安全到家。显然，途中发生了意外。

疯狂的搜寻开始了。甚至状态虚弱的玛丽，也跑去了比萨和利沃诺，绝望地等着消息。消息终于来了，最糟糕的那种。在回程的某个地方，雪莱和威廉姆斯的船沉了。7月19日，玛丽得知有两具严重腐烂的尸体被海水冲上岸。第一具尸体只能通过围巾和靴子来辨认，是爱德华·威廉姆斯。第二具尸体，雪莱，在维亚雷吉奥海岸的一英里外被发现（大约在利沃诺和莱里奇之间）。雪莱的尸体腐烂得很厉害，只能从塞进夹克口袋里的一本诗集才能认出是他。根据当地的防疫法，为了防止疾病传播，两具尸体立即被埋在海滩上。

两个家庭的朋友爱德华·约翰·特里罗尼安排了葬礼。亨特从比萨过来参加了葬礼。8月13日，爱德华·威廉姆斯的尸体被从沙滩上挖出来，在葬礼火堆上焚烧。第二天，雪莱的尸体也被放在一个火堆上烧成灰烬。玛丽大为伤恸，无法参加，即使是那些去参加海滩火化仪式的人也难以承受。特里罗尼坐在马车里，拜伦的平静也令他失望，他游到玻利瓦尔号上，远远地看着火焰。雪莱的心脏固执地拒绝焚烧，人们把它从灰烬中移出。特里罗尼想自己保留这件遗物，但拜伦说服了他，照顾雪莱心脏最合适的人是玛丽。多年后，玛丽去世时，人们在她的写字台里发现了这颗残破的心。

25岁的玛丽·雪莱失去丈夫，身无分文，只有个两岁的儿子。而远在几百英里外的公公憎恨她，拒绝给她资助。她怀孕过五次，流产过一次，那几乎要了她的命。她曾在克莱尔失去孩子的时候支持她，而她的另一个孩子在那不勒斯的神秘环境中死去。现在，她不得不想办法养活自己和小儿子。

有一段时间，玛丽和亨特一家住在佛罗伦萨，但她没有什么钱。玛丽觉得亨特混乱的家庭令人紧张，但她负担不起独立生活的费用。她的父亲戈德温无法在经济上支持她。拜伦勋爵借了她一笔钱，还给了她一份工作：为他的诗歌清稿。他可能并不需要玛丽或任何人来做这项工作，但为玛丽提供了一个可以接受的掩护，能从他那里得到钱，且不让任何一方丢脸。但这并不能长久。为了玛丽，拜伦已在试图说服蒂莫西·雪莱爵士接受他的儿媳和孙子，但没有成功。玛丽需要回到英国，与她疏远的公公就经济资助进行谈判。拜伦为她的回程提供了经费。

出国五年多后，玛丽于 1823 年 8 月 25 日回到英国。起初，她和父亲住在 195 号的家宅里（戈德温在一桩未付租金的庭审案件宣判后，离开了斯金纳街）。但往日的紧张局面很快又重新出现。与公公的谈判已经通过律师开始了，尽管还没有最终商定，但她已先拿到了 100 英镑（约相当于今天 1 万英镑的购买力），足以让她从戈德温家搬去一间廉价的住所。不过，还有个好消息是，《弗兰肯斯坦》已经成名。她写信给一个朋友说："但是瞧！我发现自己出名了！"

《弗兰肯斯坦》的第一部戏剧版本是在英国皇家兰心大戏院上演的，它把这个故事带给比读者广泛得多的观众。对小说的这次通俗化创作，为未来所有舞台和银幕的再创作都奠定了基调。这本小说由理查德·布林斯利·皮克改编成戏剧，命名为《假设；或弗兰肯斯坦的命运》。他对情节做了相当自由的改编，但关键情节保留了，怪物的角色给了库克。库克扮演的这个生物让他的演艺事业大获成功。就像鲍里斯·卡洛夫的名字在 20 世纪成为怪物的同义词一样，库克将在整个 19 世纪与这个怪物联系在一起。

这出戏很成功，令人愉快又恐惧。女士们一看到那个从维克多的实验室跌跌撞撞走下楼梯的怪物就晕倒的故事，可能有所夸张，也可能是故意以此为噱头卖票。令现代戏剧观众惊讶的是，这个改编里还有歌曲。玛丽本人在回到英国后的第四天就去看了这场演出，当时已经演到第四周。她感到高兴。

这部戏剧奠定了许多与《弗兰肯斯坦》有关的固定印象，不仅仅是上一章所讨论的生物外表。这个怪物是哑巴，举止笨拙，不像书中描述的那样言语清晰、动作敏捷。科学家和生物的名字开始混淆。而维克多有了一个倒霉的助手。怪物和他的创造者在戏剧的结尾似乎都死了，与小说里怪物带着维克多的尸体消失无踪的结局也不一样。

为了充分利用戏剧的成功，戈德温在1823年再版了两卷本《弗兰肯斯坦》。第二年有两部戏剧重演，到了1825年底，已经有5部独立的《弗兰肯斯坦》上演。1824年，这部戏剧搬演到了巴黎，库克再度扮演了怪物的角色。

舞台剧的成功和流行让玛丽出了名，但她出色的想象力并没有获得一分钱的回报。当时，剧作家和剧院没有义务为原作家支付版权费用。但是，玛丽还是获得了一些小小的好处。尽管这本小说是匿名出版的，但玛丽的名字现在已牢牢地与作品连在一起，她可以利用它助益自己其他的写作。

❦ ❦

尽管玛丽的作品声名鹊起，但她仍被丈夫的家人排斥。她终于从公公那里得到了少量的钱，最初只是每年100英镑的一笔贷款，用以抚养儿子长大，在儿子继承雪莱家产时，要从中扣掉那些钱。贷款还有其他一些附加条件。

与蒂莫西·雪莱爵士通过律师达成的协议，意味着玛丽必须留在英国，尽管她更愿意回到意大利，那里她有朋友，有适合她的生活方式，而且收入也会更多。

公公也禁止她使用雪莱的名字来宣传她的作品。他对雪莱生活中的丑闻，对他与玛丽的关系都极为愤慨。她还被禁止出版诗人的传记，玛丽本来打算以此纪念深爱的丈夫，宣传他的作品，并在某种程度上还原真相，同时还可能带来一些宝贵的收入。

玛丽利用她所能利用的一切办法绕过强加给她的条件。出版自己的作品时，玛丽不能用婚后的名字，也不考虑用娘家姓。她是雪莱的遗孀，永远与他联系在一起。她至少可以利用自己的文学声誉，以"弗兰肯斯坦的作者"身份出版作品，以扩大她后续小说的读者群。

当珀西·雪莱与哈丽特第一段婚姻留下的长子查尔斯于 1826 年去世后，她与公公的关系略有改善。玛丽与律师协商，争取到更多的钱来抚养儿子珀西——他现在是雪莱头衔的继承人——并为杂志和出版商写稿，以获得微薄的收入。她为《威斯敏斯特评论》和年刊《纪念品》撰写文章和随笔，并写作简短的传记或"生活"文章，文章收录于拉第内的《私家百科全书》。

如果不是在写作和研究这些文稿，玛丽的时间就花在她的小说和相关研究上。1826 年她出版了《最后一个人》。1830 年，她收到了 150 英镑（今天价值超过 12000 英镑），是《珀金·沃贝克的财富》（*The Fortunes of Perkin Warbeck*）的稿费。这是一部虚构的作品，但人们认为主人公的原型是什鲁斯伯里的理查德，一个塔中的王子，英格兰王位的继承人，据说是被理查三世杀害的。1835 年，《洛多雷》（*Lodore*）出版。1837 年，《福克纳》（*Falkner*）紧随其后。慢慢地，她从蒂莫西爵士那里得到的零用钱也多了一些，经济状况有所缓解，但还远称不上富裕。

1831 年，《弗兰肯斯坦》被列入一个流行小说丛书——由理查德·本特利（Richard Bentley）出版的系列英语经典小说集，玛丽得到了 60 英镑（约为现在的 5000 多英镑），并得到了在出版前再次修订自己作品的机会。1818 年的版本，她的丈夫做了重要的贡献；但这个晚近的版本，完全属于玛丽自己。这也是最流行、最受好评的版本。1831 年的再版做了相当多的重写，对 1818 年的文本有着重大修改。这个版本获得了更广泛的关注和评论，整体上比 1818 年版的评价更积极和正面。

1831 年版与原版之间的某些变化相当重要。维克多娶了一个家族的朋友而不是他的堂妹——消除了有关乱伦的暗示，这是雪莱的偏好，在珀西·雪莱的一些作品里曾充分讨论过。这一改动清楚地说明维克多的家人与他的堕落无关，是怪物复仇的绝对无辜的受害者。此外，也不再是父亲向维克多介绍了电和现代科学的奇迹，而是换成了家族里的一位朋友，沃尔德曼教授，教授也成为一个更有影响力的人物。新版不仅改变了维克多早年接受科学教育的某些细节，对科学本身的描述也有了一些变化。新版中，从化学到当代科学热点的介绍更为清晰。

在1831年的版本中明确提到了电疗法（1818年版本则没有），这虽然加强了阿尔迪尼的实验对维克多复活生物可能产生的影响，但它出现的地方并非在复生的关键章节里。它在1831年版的导言中被特别提到，此外就是在维克多目睹闪电击中房子附近的树时，这一事件构成了维克多从炼金术迈向现代科学的清晰分界线。

在1831年版本中增加了一篇导言，让玛丽有机会记录小说的起源，并写下她自己关于迪奥达蒂别墅事件的版本。她知道，如果自己选择美化一些细节，没有人能够反驳她。1824年拜伦的去世意味着，在这场著名文学聚会发生的八年后——1816年在迪奥达蒂别墅聚会的五个人里只有她本人和克莱尔·克莱蒙特还活着。

玛丽很高兴地得知，在印刷的3500本《弗兰肯斯坦》中，有3000本是在第一年售出的。不过她依然要继续工作来谋生，坚持靠写作养活自己和儿子。她之后发表的所有作品，没有任何一部堪与《弗兰肯斯坦》相提并论。她住着廉价的房子，努力工作，节衣缩食。她的钱通常都花在家人或朋友身上。1836年父亲去世后，玛丽仍在努力工作资助继母，尽管她们一辈子都互有敌意。

1839年，尽管蒂莫西爵士不同意，玛丽仍然出版了一本雪莱诗歌集，里面有很长的解释性说明，加入了某些生平细节，以提供作品的背景介绍。她以此来避免触犯出版雪莱传记的禁令，对于世界各地的雪莱研究者而言，这至今都是一份宝贵的资源。

她还帮助了其他为她丈夫作传的人。拜伦勋爵去世时，许多传记作家同样希望听到她对这位伟大诗人的个人回忆。她对自己的贡献坚持一文不收。

❧ ❧

玛丽的大部分时间和精力，都用于全力为儿子提供她所能提供的最高生活水平。玛丽送儿子去了哈罗公学（她不能送他去雪莱曾就读的伊顿公学，他曾那么讨厌它）。她只能住在附近，省吃俭用为儿子提供在学校的花费。这意味着她和伦敦的朋友断了往来，但从经济角度出发，她别无选择。

蒂莫西·雪莱爵士健康状况不佳的消息传来，燃起了玛丽的希望，但正如她继妹所说的："他都迈进坟墓了，又立刻康复，这太荒谬了……你说他活得够久了，足以毁了你。"1833 年，蒂莫西爵士似乎患上了一种被认为是绝症的病，尽管流言种种，但"永不褪色的、不死的蒂姆爵士（Sir Tim）！"最终再次完全康复了。

玛丽的儿子珀西偶尔受邀到外地去见他的祖父，也许玛丽认为这是一种增加家庭感情的方式，会提高从蒂莫西爵士那里获得更多资助的机会。玛丽自己再未见过她的公公。

1844 年，90 岁高龄的蒂莫西爵士去世了。珀西·弗罗伦斯·雪莱继承了男爵爵位和他祖父的遗产，但这对缓解他和母亲一直以来的经济困难意义不大。雪莱生前借的那些贷款，由于债权人要求的高利率而不断膨胀。玛丽所获得的用于抚养小珀西的钱，也必须用于偿还债务，还有其他债务需要清偿。留给珀西的遗产并不多。

虽然房产和土地带来了大量的财富，但也同时意味着大量的支出。珀西·雪莱童年的家在菲尔德庄园，那里阴气森森，需要翻修。玛丽和儿子搬进了附近的一所较小的出租房里。另外，多年的恶劣天气也给庄园农场造成了损失，减少了可收的租金。

玛丽对年轻的珀西·雪莱寄予厚望，并尽最大能力教育他。他上了剑桥大学，但并不是个表现出色的学生。而且，珀西也没有表现出他父亲或母亲的文学天赋。企图让他进入政界的想法也失败了，珀西一生都平庸地当着业余戏剧家。他在航海方面倒十分出色，但这让玛丽很痛苦。他唯一真正的文学贡献是保存了他父母的作品和关于他们的记忆。

1851年2月1日，玛丽·雪莱54岁时死于脑瘤。几年来，她一直患有严重的头痛症，写作也因此受到影响。去世前不久，她经历了多次昏迷，病情毫无恢复的希望。她离世后，她的儿子和儿媳把大部分时间都献给了维护玛丽和雪莱的名声及推广其文学贡献。他们在家里建了一座纪念馆，只有少数最亲近的朋友和追随者允许进入。

玛丽的日记被编辑，一本传记受托撰写，都用于对她的形象做积极的追忆。当雪莱大学时代的朋友托马斯·杰斐逊·霍格开始撰写雪莱回忆录时，原本从庄园借来了珀西的信件，但最终要出版的作品对雪莱的回忆不太有利，这些材料便被收回了。霍格只出版了计划出版的五卷中的两卷。

玛丽被葬在伯恩茅斯的圣彼得教堂墓地，当伦敦圣潘克拉斯火车站的建设影响到她父母玛丽·沃斯通克拉夫特和威廉·戈德温的墓地时，他们的遗体被迁葬到了一处。戈德温的第二任妻子玛丽·简·克莱蒙特没有与丈夫合葬。经历了一生的颠沛动荡，玛丽·沃斯通克拉夫特·戈德温·雪莱，如今安息在父母的墓地中间。

# 结　语

　　《弗兰肯斯坦》比它的作者更长寿，并通过戏剧、芭蕾、书籍和电影等形式让自己"可憎的后代"生生不息。这个绿皮肤、方脑袋的笨拙怪物已经成为万圣节和恐怖电影的重要灵感来源。玛丽·雪莱的虚构生物与它的后代们的确充满了整个世界，尽管与她预料的不太一样。

　　在早期，维克多·弗兰肯斯坦和他制造的怪物的概念和形象给公众的印象要比小说的现实更广阔。人们对故事及其主要思想的熟悉程度很高，但很少有人真正读过这本书。

　　如今阅读这部小说的体验与当年读者并不一样。盗墓者的故事，可怕而强大的科学实验，给这本书带来了非常特别的背景和影响。通过舞台和屏幕上的改编，这部小说在我们的脑海里被重塑，反映着时代的科学思想。这个怪物曾被用来发表政治和科学上的评论，但大多数时候仅作娱乐。正如我们从1823年《弗兰肯斯坦》的舞台作品中所看到的，这部小说很快就被改编并重新出版以供公众娱乐。乔治·坎宁在英国议会发表关于解放奴隶问题的讲话时，对《弗兰肯斯坦》的提及进一步证明它已经进入公众视野。他认为，解放西印度叛军奴隶"将培养出一种类似最近出现的浪漫而精彩的虚构生物"。据说玛丽很高兴她的书被认可，但一定会对这种解读感到不满。玛丽的小说提倡的是要更好地照顾我们的同类，而不是压制他们。

1843 年，《朋克》杂志上的一幅漫画展示了一个被称为"爱尔兰弗兰肯斯坦"的高大、充满威胁的形象。1882 年，同一本杂志刊登了另一幅漫画，同样的标题，描绘的是在凤凰公园暗杀事件发生后，爱尔兰芬尼亚运动变成了弗兰肯斯坦的怪物形象。这些参考资料显示了"弗兰肯斯坦"的名字及这部小说本身是如何被曲解以适应时代政论的。今天，《弗兰肯斯坦》仍然偶尔被用于政治漫画和辩论中，尽管更常见于科学问题，比如关于基因改造或干细胞研究的讨论。

使用弗兰肯斯坦这个名字作为怪物行为或"危险科学"的代称，表明这部小说已完全渗透到了大众文化中。但它没有止步于此。《弗兰肯斯坦》是首部科幻小说，也启发了 1910 年的第一部恐怖电影。它被多次改编搬上荧幕，也成为其他许多科幻和恐怖电影的灵感来源。

维克多·弗兰肯斯坦还是无数"疯狂科学家"和他们不幸助手的灵感源泉。他的造物后来已经变成了机器人，如弗里茨·朗 1927 年的电影《大都会》。在蒂姆·伯顿 2012 年的电影《弗兰肯威尼》中，则变成了一只动弹不得的狗。据估算，从 1931 年的《弗兰肯斯坦》电影上映以来，这部经典已经有了四百多部衍生电影。维克多和他的怪物也出现在为孩子创造的小型喜剧、戏剧或卡通片里。这个怪物的形象甚至还被用来宣传从糖果到发胶的一系列商品。

玛丽·雪莱对大众文化的贡献是巨大的，而她的科幻小说对科学事实上也产生了影响，当然，这是从公众的观点来看。就维克多科学事业的实用性而言，《弗兰肯斯坦》并不可信，但玛丽对启蒙运动时期的科学概念和含义的理解是透彻的。

弗兰肯斯坦这个词如今可能与走向疯魔或绝对错误的科学有了关联。例如，转基因作物被贴上了"弗兰肯食品"的标签，甚至在讨论这些产品的安全性之前，这个词就对它做了妖魔化和恐吓式的定性。正如我希望这本书所显示的，这并不是小说本身对科学的呈现方式。但这并非都是坏事：《弗兰肯斯坦》和激发它产生的科学，也有着积极的遗产。

第十一章中，乔万尼·阿尔迪尼在尸体上进行的实验可能看起来很怪诞，与科学的用意相去甚远。然而，他确实对电现象的影响和应用感兴趣。除了对死者进行实验，阿尔迪尼对活人也做过电学实验。他最好的案例是，用电刺激治疗了一个叫路易吉·兰萨里尼的农业工人，后者曾患有"忧郁的疯狂"或叫临床抑郁症。阿尔迪尼认为兰萨里尼的疾病是由大脑中的电扰动引起的，建议用电击来治疗。慢慢地，兰萨里尼有所好转。他说阿尔迪尼的治疗没有伤害自己，很快他就变得乐观起来，胃口也很好。他不再抑郁、痛苦，已经好到足以出院了。阿尔迪尼为电休克疗法或 ECT 奠定了基础。

在 20 世纪 50 至 70 年代，ECT 的声誉一直被糟糕的实验操作所累。病人被绑在床上，在太阳穴上施加电击，有时都没有麻醉，甚至没有经过病人同意。《飞越疯人院》等电影中关于 ECT 的描绘，对这一非常有益的治疗方法的形象毫无助益。今天，在患者同意的情况下，麻醉剂、肌肉松弛剂和电击，已被发现可以帮助许多有生命危险的抑郁症患者改善症状，而通常的药物治疗对他们已经不起作用了。

自启蒙运动以来，电疗法也有了更多的发展。20 世纪 50 年代，麦德龙的创始人厄尔·巴肯显然受到了 1931 年电影《弗兰肯斯坦》的启发。他回想起小时候看到鲍里斯·卡洛夫的手在接入电源后抽搐时的恐惧，认为电能也许能在医疗方面发挥作用。维克多的实验室里满是电力设备。它们能被提炼或小型化，来控制心脏的自然节律吗？巴肯继续研究，开发出了第一个便携式电池驱动的起搏器。

今天，电子设备不仅被植入身体控制心脏节律，还被植入大脑，以控制帕金森病的震颤，以及治疗抑郁症。那些因中风或意外而导致脑损伤、四肢瘫痪的人，可以通过传感器和电刺激腿部神经来恢复活动功能。越来越复杂的假肢可以通过来自身体其他部位的神经信号活动起来。

自《弗兰肯斯坦》第一次出版迄今已有二百余年，其中描述的事情虽然仍是虚构，但也许它已越来越接近科学事实。

# 附录：大事记

| 年份 | 历史事件 | 玛丽大事记 |
|---|---|---|
| 1280 | 大阿尔伯特（生于 1200 年）去世 | |
| 1535 | 海因里希·科尼利乌斯·阿格里帕（生于 1486 年）去世 | |
| 1541 | 菲利普斯·尤尔·帕拉塞尔苏斯（生于 1493 年）去世 | |
| 1650 | 安妮·格林被判死刑 | |
| 1666 | 洛尔尝试把血液注入人体 | |
| 1673 | 约翰·康拉德·迪佩尔于 8 月 10 日出生 | |
| 1705 | 弗朗西斯·霍克斯比进行静电实验 | |
| 1724 | 在哈梅林附近发现了彼得野孩 | |
| 1727 | 艾萨克·牛顿于 3 月 20 日去世（或 31 日，取决于使用旧历还是新历） | |
| 1728 | 约翰·亨特于 2 月 13 日出生 | |
| 1731 | 伊拉斯谟斯·达尔文于 12 月 12 日出生 | |
| 1732 | 斯蒂芬·格雷进行电学实验 | |
| 1733 | 约瑟夫·普利斯特里于 3 月 24 日出生 | |
| 1734 | 迪佩尔于 4 月 25 日去世 | |
| 1737 | 路易吉·伽瓦尼于 9 月 9 日出生 | |
| | 雅卡尔·德·沃康桑制造了一只具有"消化功能"的机械鸭 | |
| 1743 | 安托万·拉瓦锡于 8 月 26 日出生 | |
| 1744 | 英法战争（乔治王之战，1744—1748） | |
| 1745 | 亚历山德罗·伏打于 2 月 18 日出生 | |

（续表）

| 年份 | 历史事件 | 玛丽大事记 |
|------|----------|-----------|
| 1745 | 本杰明·富兰克林开始电学实验 | |
|      | 关于莱顿瓶的探索 | |
| 1751 | 荷加斯创作《第四个残酷的舞台》 | |
| 1752 | 《谋杀罪法案》允许对杀人犯的尸体进行解剖 | |
|      | 5月10日，达利巴尔在法国进行了富兰克林闪电实验 | |
|      | 富兰克林在6月的一个雷雨天里放风筝 | |
| 1756 | 七年战争爆发 | 威廉·戈德温于3月3日出生 |
| 1760 | 乔治三世登基 | |
| 1765 | 《邮票法案》通过，对英国殖民地征税 | |
| 1766 | | 玛丽·克莱蒙特于4月27日出生 |
| 1767 | 约瑟夫·普利斯特里《电力的历史和现状》出版 | |
| 1768 | 约瑟夫·莱特绘制《气泵里的鸟实验》（或《气泵实验室》） | |
| 1771 | 约翰·亨特《论人类牙齿的进化》出版 | |
|      | 卡尔·威尔海姆·舍勒发现了"火气"（氧气） | |
| 1772 | 约翰·沃尔什证明电鳐会发电 | |
| 1773 | 波士顿茶党抗议 | |
| 1774 | 普利斯特里发现了"重要空气"（氧气） | |
|      | 约翰·沃尔夫冈·歌德《少年维特之烦恼》出版 | |
| 1775 | 美国独立战争爆发 | |
| 1776 | 美国发布《独立宣言》 | |
| 1777 | 亨特试图在威廉·多德牧师被绞死后复活他 | |
|      | 安托万·拉瓦锡将普利斯特里的"重要空气"命名为"氧"，并提出了氧化燃烧理论 | |

| 年份 | 历史事件 | 玛丽大事记 |
|------|---------|-----------|
| 1778 | 英法战争开始（1778—1783） | |
| | 汉弗莱·戴维于 12 月 17 日出生 | |
| 1780 | 伽瓦尼开始对青蛙进行电学实验 | |
| 1781 | 詹姆斯·格雷厄姆在伦敦的"健康圣殿"开业 | |
| 1782 | 查尔斯·伯恩——所谓的"爱尔兰巨人"，抵达伦敦 | |
| 1783 | 《美英凡尔赛和约》签订 | |
| | 威廉·劳伦斯于 7 月 16 日出生 | |
| | 约翰·亨特窃取了查尔斯·伯恩的遗体 | |
| | 约翰·亨特把他的解剖收藏搬到莱斯特广场 | |
| 1785 | 托马斯·洛夫·皮考克于 10 月 18 日出生 | |
| 1787 | 安托万·拉瓦锡和皮埃尔·西蒙·拉普拉斯《化学命名法》出版 | 沃斯通克拉夫特《关于女儿教育的思考》出版 |
| | 安托万·拉瓦锡发表论文《化学基础》 | |
| 1788 | 拜伦于 1 月 22 日出生 | |
| | 约翰·亨特的收藏品博物馆开放 | |
| 1789 | 巴士底狱事件爆发 | |
| | 伊拉斯谟斯·达尔文《植物园》出版 | |
| 1790 | 伯克《反思法国大革命》出版 | 玛丽·沃斯通克拉夫特《为人权辩护》出版 |
| 1791 | 托马斯·潘恩《人权论》出版 | 玛丽·沃斯通克拉夫特和威廉·戈德温第一次见面 |
| | 路易吉·伽瓦尼发表《论电对肌肉运动的影响》 | 玛丽·沃斯通克拉夫特《真实生活中的原创故事》出版 |
| | C.F. 沃尔涅《帝国的灭亡》出版 | |
| | 普利斯特里的家和实验室被暴徒摧毁 | |
| 1792 | 法国宣布成立共和国（即法兰西第一共和国） | 沃斯通克拉夫特《女权辩护》出版 |
| | | 珀西·比希·雪莱 8 月 4 日出生 |

（续表）

| 年份 | 历史事件 | 玛丽大事记 |
|---|---|---|
| 1792 | | 玛丽·沃斯通克拉夫特搬到巴黎 |
| 1793 | 路易十六被执行绞刑 | 玛丽·沃斯通克拉夫特遇见吉尔伯特·伊姆雷 |
| | 法国向英国宣战 | 威廉·戈德温《论政治正义及其对道德和幸福的影响》出版 |
| | 约翰·亨特于 10 月 16 日去世 | |
| 1794 | 5 月 8 日，拉瓦锡在巴黎被送上断头台 | 范妮·伊姆雷于 5 月 14 日出生 |
| | 伊拉斯谟斯·达尔文《动物法则》出版 | 威廉·戈德温《凯莱布·威廉斯传奇》出版 |
| | 普利斯特里移居美国 | |
| 1795 | 约翰·威廉·波利多里于 9 月 7 日出生 | 玛丽·沃斯通克拉夫特两次企图自杀 |
| 1796 | 英西战争爆发 | 玛丽·沃斯通克拉夫特《在瑞典、挪威和丹麦短居期间的信》出版 |
| | | 沃斯通克拉夫特和戈德温再次见面 |
| 1797 | 伊拉斯谟斯·达尔文《女性教育》出版 | 威廉·戈德温和玛丽·沃斯通克拉夫特于 3 月 29 日秘密结婚 |
| | 约翰·罗比森《阴谋的证据》出版 | 玛丽·沃斯通克拉夫特·戈德温于 8 月 30 日出生 |
| | | 玛丽·沃斯通克拉夫特于 9 月 10 日去世 |
| 1798 | 贝多斯的气动研究院成立 | 威廉·戈德温《关于〈女权辩护〉作者的回忆》出版 |
| | 阿贝·巴鲁埃尔《雅各宾主义历史回忆录》出版 | 简（即克莱尔）于 4 月 27 日出生 |
| | 伽瓦尼于 12 月 4 日去世 | |

| 年份 | 历史事件 | 玛丽大事记 |
|---|---|---|
| 1798 | 塞缪尔·泰勒·柯勒律治《古舟子咏》出版 | |
| 1799 | 戈雅发表《狂想曲》 | 威廉·戈德温《圣莱昂》出版 |
| 1800 | 汉弗莱·戴维《关于一氧化二氮及其呼吸作用的简要研究》发表 | |
| | 亚历山德罗·伏打宣布发明伏打电堆 | |
| | 野孩子维克多在艾维伦省被发现 | |
| 1801 | 汉弗莱·戴维受聘为皇家研究院化学助理讲师 | 威廉·戈德温和玛丽·简·克莱蒙特于 12 月 21 日两次成婚 |
| 1802 | 《亚眠条约》签订 | |
| | 伊拉斯谟斯·达尔文于 4 月 18 日去世 | |
| 1803 | 阿尔迪尼于 1 月 18 日在乔治·福斯特的尸体上进行了电学实验 | 小威廉·戈德温于 3 月 28 日出生 |
| | 伊拉斯谟斯·达尔文《自然圣殿》出版 | |
| | 英国和法国再次爆发战争 | |
| 1804 | 拿破仑称帝 | |
| | 普利斯特里于 2 月 6 日去世 | |
| 1805 | 特拉法加战役爆发 | 威廉·戈德温和简·戈德温为儿童书籍制作了一张出版书目 |
| | | 威廉·戈德温《弗利特伍德》出版 |
| 1806 | 约翰·亨特的博物馆搬到位于林肯因河广场的伦敦皇家外科医学院 | |
| 1807 | 奴隶贩卖制被废除 | 戈德温一家搬到斯金纳街 |
| | 戴维发现了钾和钠元素 | |
| 1808 | 半岛战争爆发 | |
| | 歌德《浮士德》（第一部）出版 | |
| 1809 | 拉马克提出动物特征遗传理论 | |
| 1810 | | 珀西·比希·雪莱《扎斯特罗齐》出版 |

（续表）

| 年份 | 历史事件 | 玛丽大事记 |
|---|---|---|
| 1811 | | 珀西·比希·雪莱《圣欧文》出版 |
| | | 雪莱于 3 月 25 日离开牛津 |
| | | 8 月 25 日，雪莱与哈丽特·威斯布鲁克结婚 |
| 1812 | 拿破仑入侵俄国 | 玛丽去往邓迪，与巴克斯特一家住在一起 |
| | 汉弗莱·戴维《化学哲学原理》出版 | 玛丽和雪莱可能于 11 月 11 日第一次会面 |
| 1813 | 英美战争开始 | 珀西·比希·雪莱《麦布女王》出版 |
| 1814 | 拿破仑退位 | 威廉·戈德温《万神殿》出版 |
| | | 3 月，玛丽回到斯金纳街；5 月 5 日，玛丽与雪莱见面 |
| | | 7 月 28 日，玛丽和雪莱私奔，克莱尔·克莱蒙特陪同 |
| | | 7 月至 8 月，他们穿越法国、瑞士和莱茵河，途经弗兰肯斯坦城堡 |
| | | 玛丽、雪莱和克莱尔于 9 月 14 日返回英国 |
| | | 查尔斯·雪莱于 11 月 30 日出生 |
| 1815 | 拿破仑逃离厄尔巴岛 | 2 月 22 日，玛丽生下一个早产的女儿，女儿于 3 月 6 日夭折 |
| | 滑铁卢战役爆发 | 玛丽和雪莱游览英国西南部海岸或英格兰和德文郡 |
| | 4 月，坦博拉火山爆发 | 玛丽和雪莱 8 月搬到主教门街 |
| | 托马斯·洛夫·皮考克《鲁莽大堂》出版 | |
| 1816 | 威廉·劳伦斯和约翰·阿伯奈西就活力论开展辩论 | 威廉（昵称威尔莫兹）·雪莱于 1 月 24 日出生 |

| 年份 | 历史事件 | 玛丽大事记 |
|------|----------|-----------|
| 1816 | | 4月，克莱尔成为拜伦的情妇 |
| | | 玛丽、雪莱和克莱尔5月2日启程前往日内瓦 |
| | | 6月，灵异故事挑战开始；玛丽开始撰写《弗兰肯斯坦》 |
| | | 7月，去往夏蒙尼和梅尔德格拉斯远行 |
| | | 雪莱一行于9月8日返回英国 |
| | | 10月10日，范妮·戈德温自杀 |
| | | 12月初，哈丽特·雪莱自杀 |
| | | 玛丽和雪莱于12月30日结婚 |
| 1817 | 托马斯·洛夫·皮考克《梅林考特》出版 | 克莱尔于1月12日生下阿莱格拉 |
| | | 2月，雪莱搬到马洛 |
| | | 5月14日，玛丽完成《弗兰肯斯坦》 |
| | | 克拉拉·埃维丽娜·雪莱于9月2日出生 |
| | | 玛丽·雪莱《六周游记》出版 |
| 1818 | 詹姆斯·布兰德尔成功地实现人对人输血 | 3月11日，玛丽·雪莱《弗兰肯斯坦》出版 |
| | 托马斯·洛夫·皮考克《噩梦修道院》出版 | 雪莱于3月11日启程前往意大利 |
| | 安德鲁·尤尔于11月4日对马修·克莱德斯代尔的尸体进行了电学实验 | 4月，阿莱格拉被交给拜伦抚养 |
| | | 克拉拉·埃维丽娜·雪莱9月24日去世 |
| | | 艾琳娜·阿德莱德·雪莱于12月27日出生 |
| 1819 | 听诊器被发明 | 3月，雪莱搬到罗马 |

（续表）

| 年份 | 历史事件 | 玛丽大事记 |
|------|----------|-----------|
| 1819 | 威廉·劳伦斯《关于生理学、动物学和人类自然史的讲座》出版 | 约翰·波利多里发表《吸血鬼》 |
| | | 威廉（昵称威尔莫兹）·雪莱于 6 月 7 日夭折 |
| | | 8 月或 9 月，玛丽完成了《玛蒂尔达》 |
| | | 珀西·弗罗伦斯·雪莱于 11 月 12 日出生 |
| 1820 | 乔治四世加冕 | 珀西·雪莱《解放了的普罗米修斯》出版 |
| | | 艾琳娜·阿德莱德·雪莱于 6 月 10 日去世 |
| 1821 | 拿破仑在圣赫勒拿岛去世 | 雪莱一家遇见了爱德华和简·威廉姆斯 |
| | | 约翰·波利多里于 8 月 21 日服毒自杀 |
| 1822 | | 阿莱格拉于 4 月 20 日去世 |
| | | 5 月，雪莱和威廉姆斯一起搬到马尼居 |
| | | 玛丽于 6 月 16 日流产 |
| | | 雪莱和威廉姆斯于 7 月 8 日溺水身亡 |
| | | 雪莱和威廉姆斯于 8 月 13、14 日被火葬 |
| 1823 | | 玛丽于 8 月 25 日返回伦敦 |
| | | 玛丽观看了《弗兰肯斯坦》的舞台改编，据推定为 8 月 29 日 |
| | | 玛丽·雪莱《瓦尔帕加》出版 |
| 1824 | | 珀西·比希·雪莱《遗诗》出版 |
| | | 拜伦于 4 月 19 日去世 |

| 年份 | 历史事件 | 玛丽大事记 |
|---|---|---|
| 1826 | | 玛丽·雪莱《最后一个人》出版 |
| | | 查尔斯·比希·雪莱于9月14日去世，珀西·弗罗伦斯成为男爵继承人 |
| 1827 | 伏打于3月5日去世 | |
| 1829 | 戴维于5月29日去世 | |
| 1830 | 威廉四世加冕 | 玛丽·雪莱《珀金·沃贝克的财富》出版 |
| 1831 | | 修订版《弗兰肯斯坦》出版 |
| 1832 | 《解剖罪法案》终结了尸体盗窃 | 小威廉·戈德温于9月8日去世 |
| 1834 | | 戈德温《巫师的生活》出版 |
| 1835 | | 玛丽·雪莱《洛多雷》出版 |
| | | 《意大利，西班牙和葡萄牙最杰出文学家和科学家的生活》卷一、卷二出版 |
| 1836 | | 戈德温于4月7日去世 |
| 1837 | | 玛丽·雪莱《福克纳》出版 |
| | | 珀西入读剑桥三一学院 |
| 1838 | | 《法国最杰出文学家和科学家的生活》卷一出版 |
| 1839 | | 《珀西·比希·雪莱诗歌集》出版 |
| | | 《随笔，海外来信与断章》出版 |
| | | 《法国最杰出文学家和科学家的生活》卷二出版 |
| 1841 | | 玛丽·简·戈德温于6月17日去世 |

（续表）

| 年份 | 历史事件 | 玛丽大事记 |
| --- | --- | --- |
| 1844 | | 玛丽·雪莱《德国与意大利漫记》出版 |
| | | 1844 年，蒂莫西爵士于 4 月 24 日去世，珀西·弗罗伦斯·雪莱继承了男爵爵位 |
| 1848 | | 珀西·弗罗伦斯·雪莱爵士于 6 月 22 日与简·圣约翰结婚 |
| 1851 | | 玛丽·雪莱于 2 月 1 日去世 |

# 参考文献

1800. *The Juvenile Library, Including a Complete Course of Instruction on Every Useful Subject.* R. Philips, London.

1823. *The Drama; Or, Theatrical Pocket Magazine.* T. and J. Elvey, London.

Aeschylus. 1961. *Prometheus Bound and Other Plays.* Penguin Books, London.

Aldini, G. 1819. *General Views on the Application of Galvanism to Medical Purposes: Principally in Cases of Suspended Animation.* J. Callow, London.

Allen, G. 2012. *Inflation: The Value of the Pound 1750–2011.* RP12-31. House of Commons Library.

Al-Khalili, J. 2010. *Pathfinders: The Golden Age of Arabic Science.* Allen Lane, London.

Ashcroft, F. 2012. *The Spark of Life: Electricity and the Human Body.* Penguin Books, London.

Aynsley, E. E. & Campbell, W. A. 1962. 'Johann Konrad Dippel 1673–1743' *Medical History* 6(2): 281–86.

Ball, P. *The Elements: A Very Short Introduction.* Oxford University Press, Oxford.

Bailey, J. B. 2012. *The Diary of a Resurrectionist 1811 – 1812.* Digi-Media-Apps, www.digimediaapps.com

Barrington, D. 1775. *The Probability of Reaching the North Pole.* C. Heydinger, London.

Barruel, The Abbé. 1799. *Memoirs, Illustrating the History of Jacobism.* Cornelius Davis, New York.

Bartholomew, M., Brown, S., Clennell, S., Emsley, C., Furbank, P. N. & Lentin, A. 1990. *Units 13–14: The French Enlightenment.* The Open University, Milton Keynes.

Bertucci, P. 2007. *Therapeutic Attractions: Early Applications of Electricity to the Art of Healing.*

Blundell, J. 1828. *Some Remarks on the Operation of Transfusion.* Thomas Tegg, London.

Bondeson, J. 2001. *Buried Alive: The Terrifying History of Our Most Primal Fear.* W. W. Norton and Company, New York.

Bynum, W. & Bynum, H. (eds). 2011. *Great Discoveries in Medicine.* Thames and Hudson, London.

Carr, K. 2013. 'Saints and Sinners: Johann Konrad Dippel'. *The Royal College of Surgeons of England Bulletin* 95(1): 21–22.

Clemit, P. 2009. 'William Godwin's Juvenile Library'. *The Charles Lamb Bulletin* 147: 90–99.

Coghlan, A. 2015. 'World's First Biolimb: Rat Forelimb Grown in the Lab'. *New Scientist* 3 June.

Coleridge, S. T. 1798. *The Rime of the Ancient Mariner.* Gutenburg.

Coleridge, S. T. 1816. *Christabel; Kubla Khan, a vision; The Pains of Sleep: Volume 1.* John Murray, London.

Cresswell, R. (translated). 1862. *Aristotle's History of Animals.* Henry G. Bohn, London.

Crosse, A. & Crosse, C. A. H. 1857. *Memorials, Scientific and Literary, of Andrew Crosse, the Electrician.* Longman, Brown, Green, Longmans, & Roberts, London.

Crouch, L. E. 1978. 'Davy's "A Discourse, Introductory to a Course of Lectures on Chemistry": A Possible Scientific Source of *Frankenstein* '. *Keats–Shelley Journal* , 27: 35–44.

Darwin, E. 1807. *The Botanic Garden: A Poem, in Two Parts: Part 1 Containing The Economy of Vegetation. Part II. The Loves of the Plants.* T. & J. Swords, New York.

Darwin, E. 1800. *Zoonomia; or the Laws of Organic Life.* P. Byrne, Dublin.

Darwin, E. 1803. *The Temple of Nature; or, The Origin of Society: A Poem, with Philosophical Notes.* J. Johnson, London.

Davy, H. 1800. *Researches, Chemical and Philosophical; Chiefly Concerning Nitrous Oxide, or Dephlogisticated Nitrous Air, and its Respiration.* J. Johnson, London.

Davy, H. 1812. *Elements of Chemical Philosophy.* J. Johnson and Co., London
Domini, N. J. and Yeakel, J. D. 2017. ' *Frankenstein* and the Horrors of Competitive Exclusion'. *Bioscience* 67 (2): 107–110.

Doren, C. Van. 1911. *The Life of Thomas Love Peacock.* J. M. Dent & Sons, London.

Dougan, A. 2008. *Raising the Dead: The Men Who Created Frankenstein*. Birlinn, Edinburgh.

Doyle, W. 2001. *The French Revolution: A Very Short Introduction*. Oxford University Press, Oxford.

Elsom, D. M. 2015. *Lightning: Nature and Culture*. Reaktion Books, London.

Fara, P. 2002. *An Entertainment for Angels*. Icon books, Cambridge.

Feldman, P. R. & Scott-Kilvert, D. 1995. *The Journals of Mary Shelley*. The John Hopkins Press, London.

Finger, F. & Law, M. B. 1998. 'Science in the era of Mary Shelley's *Frankenstein* '. *Journal of the History of Medicine* , 53 (April): 161–180.

Fisher, L. 2005. *Weighing the Soul: The Evolution of Scientific Beliefs*. Orion Books, London.

Florescu, R. 1977. *In Search of Frankenstein*. New England Library, London.

Frayling, C. 2005. *Mad, Bad and Dangerous to Know? The Scientists in the Cinema*. Reaktion Books, London.

Gagliardo, J. G. 1968. *Enlightened Despotism*. Routledge & Kegan Paul, London.

Gannal, J. N. (translated from the French by Harlan, R.). 1840. *History of Embalming, and of Preparations in Anatomy, Pathology, and Natural History; Including a New Process of Embalming*. Judah Dobson, Philadelphia.

Gigante, D. 2002. 'The Monster in the Rainbow: Keats and the Science of Life'. *PMLA* 117 (3): 433–448.

Godwin, W. 1798. *Enquiry Concerning Political Justice: And its Influence on Morals and Happiness*. G. G. & J. Robinson, London.

Godwin, W. 1798. *Memoirs of the Author of A Vindication of the Rights of Woman*. J. Johnson, London.

Godwin, W. 1814. *The Pantheon: or Ancient History of the Gods of Greece and Rome*. M. J. Godwin, London.

Godwin, W. 1832. *Fleetwood: Or, The New Man of Feeling*. R. Bentley, London.

Godwin, W. 1835. *St. Leon: A Tale of the Sixteenth Century*. R. Bentley, London.

Godwin, W. 1835. *Lives of the Necromancers or, An Account of the Most Eminent Persons in Successive Ages, Who Have Claimed for Themselves, or to Whom has been Imputed by Others, the Exercise of Magical Power*. Harper & Brothers, New York.

Goethe, J. W. von. 1780. *The Sorrows of Young Werter: A German Story*. J. Dodsley, London.

Goethe, J. W. von. Translated by Hayward, A. 1859. *Faust: A Dramatic Poem*. Ticknor and Fields, Boston.

Golinski, J. 1992. *Science as Public Culture: Chemistry and Enlightenment in Britain, 1760–1820.* Cambridge University Press, Cambridge.

Goulding, C. 2002. 'The Real Doctor Frankenstein?' *Journal of the Royal Society of Medicine* 95: 257–259.

Harris, R. W. 1975. *Absolutism and Enlightenment.* Blandford Press, Poole, Dorset.

Hartley, H. 1972. *Humphry Davy.* EP Publishing Limited, Wakefield.

Hawke, D. F. 1976. *Franklin.* Harper & Row, New York, San Francisco, London.

Hayman, J. and Oxenham, M. 2016. *Human Body Decomposition.* Elsevier, London.

Hesiod. 2016. *The Complete Hesiod Collection.* Amazon, Great Britain.

Hofer, P. 1969. *Los Caprichos, Francisco Goya.* Dover Publications, New York.

Hogg, J. T. 1888. *The Life of Percy Bysshe Shelley.* Volumes 1 and 2. Edward Moxon, London.

Holmes, F. L. 1993. 'The Old Martyr of Science: The Frog in Experimental Physiology'. *Journal of the History of Biology* 26(2): 311–328.

Holmes, R. 2005. *Shelley: The Pursuit.* Harper Perennial, London.

Holmes, R. 2009. *The Age of Wonder: How the Romantic Generation Discovered the Beauty and Terror of Science.* Harper Press, London.

Itard, E. M. 1802. *An Historical Account of the Discovery and Education of a Savage Man, or of the First Developments, Physical and Moral, of the Young Savage Caught in the Woods Near Aveyron, in the Year 1798.* Richard Phillips, London.

Jungnickel, C. & McCormmack, R. 2001. *Cavendish: The Experimental Life.* Bucknell, Pennsylvania.

Katznelson, L. MD; Atkinson, J. L. D. MD; Cook, D. M. MD, FACE; Ezzat, S. Z. MD, FRCPC; Hamrahian, A. H. MD, FACE; & Miller, K. K. MD. 2011. 'American Association for Clinical Endocrinologists Medical Guidelines for Clinical Practice for the Diagnosis and Treatment of Acromegaly'. *Endocrine Practice* 17 (Suppl 4).

Knellwolf, C. & Goodall, J. (Ed.). 2009. *Frankenstein's Science: Experimentation and Discovery in Romantic Culture, 1780–1830.* Ashgate Publishing, Surrey.

Knox, F. J. 1836. *The Anatomist's Instructor, and Museum Companion: Being Practical Instructions for the Formation and Subsequent Management of Anatomical Museums.* Adam & Charles Black, Edinburgh.

Kragh, H. 2003. 'Volta's apostle: Christoph Heinrich Pfaff , champion of the contact theory'. Kirjassa F. Bevilacqua ja EA Giannetto (eds.) *Volta and the History of Electricity.* Universita degli studi di Pavia. Hoepli. Milano, 37–50.

Lavater, J. C. 1810. *Essays on Physiognomy; for the Promotion of the Knowledge and the Love of Mankind*. G. G. J. & J. Robinson, London.

Lawrence, W. 1819. *Lectures on Physiology, Zoology, and the Natural History of Man*. J. Callow, London.

Lewis, M. G. 1832. *The Monk, Printed Verbatim from the First London Edition*. Baudry's Foreign Library, Paris.

Locke, D. 1980. *A Fantasy of Reason: The Life & Thought of William Godwin*. Routledge & Kegan Paul, London.

Luke, H. J. 1965. 'Sir William Lawrence: Physician to Shelley and Mary'. *Papers on English Language and Literature*, 2: 141–152.

MacCarthy, F. 2003. *Byron: Life and Legend*. Faber and Faber, England.

Macilwain, G. 1853. *Memoirs of John Baernethy, R. R. S. with a View of His Lectures, Writings and Character*. Harper & Brothers, New York.

Marcet, J. 1809. *Conversations on Chemistry: In Which the Elements of that Science are Familiarly Explained and Illustrated by Experiments and Plates: to Which are Added, Some Late Discoveries on the Subject of the Fixed Alkalies*. Increase Cooke & Co., N. Haven.

Mellor, A. K., 1989. *Mary Shelley: Her Life, Her Fiction, Her Monsters*. Rutledge, Chapman & Hall Inc, New York.

Milton, J. 1996. *Paradise Lost*. Penguin Books, London.

Montillo, R. 2013. *The Lady and Her Monsters: A Tale of Dissections, Real-Life Dr. Frankensteins, and the Creation of Mary Shelley's Masterpiece*. HarperCollins Publishers, New York.

Moore, T. 1860. *The Life, Letters and Journals of Lord Byron*. John Murray, London.

Moore, W. 2005. *The Knife Man: Blood, Body-Snatching and the Birth of Modern Surgery*. Bantam Books, London.

Moores Ball, J. 1928. *The Sack-'Em-Up Men: An Account of the Rise and Fall of the Modern Resurrectionists*. Oliver and Boyd, London.

Morley, H. 1856. *The Life of Cornelius Agrippa von Nettesheim. Doctor and Knight, Commonly Known as Magician*. Chapman and Hall, London.

Murray, E. B. 1978. 'Shelley's Contribution to Mary's *Frankenstein* '. *The Keats–Shelley Memorial Bulletin*, 29: 50–68.

Newmann, W. R. 2005. *Promethean Ambitions: Alchemy and the Quest to Perfect Nature*. The University of Chicago Press, Chicago.

Pancaldi, G. 2003. *Volta: Science and Culture in the Age of Enlightenment*. Princeton University Press, Oxfordshire.

Paracelsus (translated into English by Turner, R.). 1657. *Paracelsus of The Chymical Transmutation of Metals & Geneology and Generation of Minerals*. Rich: Monn at the Seven Stars, and Hen: Fletcher at the three gilt Cups, London.

Parent, A. 2004. 'Giovanni Aldini: From Animal Electricity to Human Brain Stimulation'. *The Canadian Journal of Neurological Sciences*, 31(4): 576–584.

Peacock, T. L. 1816. *Headlong Hall*. T. Hookham, Jun. and Co, London.

Peacock, T. L. 1817. *Melincourt*. T. Hookham, Jun. and Co, London.

Peacock, T. L. 1818. *Nightmare Abbey*. T. Hookham and Baldwin, Cradock & Joy, London.

Pera, M. & Mandelbaum, J. 1992. *The Ambiguous Frog: The Galvani–Volta Controversy on Animal Electricity*. Princeton University Press, Oxford.

Piccolino, M. & Bresadola, M. 2013. *Shocking Frogs: Galvani, Volta, and the Electric Origins of Neuroscience*. Oxford University Press, Oxford.

Plutarch, Langhorne, J., Langhorne W. 1850. *Plutarch's Lives of the Noble Greeks and Romans. Translated from the Original Greek: With Notes, Critical and Historical and a Life of Plutarch*. R. S. & J. Applegate, Cincinnati.

Pole, T. 1813. *The Anatomical Instructor: Or, An Illustration of the Modern and Most Approved Methods of Preparing and Preserving the Different Parts of the Human Body, and of Quadrupeds, by Injection, Corrosion, Maceration, Distention, Articulation, Modelling, &c., with a Variety of Copper Plates*. J. Calow and T. Underwood, London.

Polidori, J. W., Rossetti, W. M. (eds.). 1911. *The Diary of Dr. John William Polidori, 1816*. Elkin Matthews, London.

Priestely, J. 1767. *The History and Present State of Electricity, with Original Experiments*. J. Johnson & B. Davenport, London.

Priestley, J. 1808. *Memoirs of Dr. Joseph Priestley, to the Year 1795, Written by Himself; With a Continuation to the Time of his Decease, by his Son, Joseph Priestley; and Observations on His Writings, by Thomas Cooper, President, Judge of the 4th District of Pennsylvania; and the Rev. William Christie*. J. Johnson, London.

Principe, L. M. 2013. *The Secrets of Alchemy*. The University of Chicago Press, Chicago and London.

Rapport, R. 2005. *Nerve Endings: The Discovery of the Synapse*. W. W. Norton & Company, New York.

Rees, A. 1819. *The Cyclopœia; Or, Universal Dictionary of Arts, Sciences and Literature, Volume 24*. Longman, Hurst, Rees, Orme & Brown, London.

Reiger, J. 1963. 'Dr Polidori and the Genesis of Frankenstein'. *Studies in English Literature 1500-1900*, 3(4): 461.

Richardson, R. 1987. *Death, Dissection and the Destitute*. Routledge & Kegan Paul,

London.

Rivera, A. M., Strauss, K. W., van Zundert, A. & Mortier, E. 2005. 'The history of peripheral intravenous catheters: How little plastic tubes revolutionized medicine'. *Acta. Anaesth. Belg.*, 56: 271–282.

Roach, M. 2004. *Stiff : The Curious Lives of Human Cadavers.* Penguin Books, London.

Saeed, M., Rufai, A. A. & Elsayed, S. E. 2001. 'Mummification to Plastination Revisited'. *Saudi Med. J.* Vol. 22 (11): 956-959.

Schlesinger, H. 2010. *The Battery.* Harper Collins, New York.

Seymour, M. 2000. *Mary Shelley.* John Murray (Publishers), London.

Shelley, M. 1817. *History of a Six Weeks' Tour Through a Part of France, Switzerland, Germany and Holland.* T. Hookham and C. & J. Ollier, London.

Shelley, M. 1823. *Valperga: or the Life and Adventures of Castruccio, Prince of Lucca.* G. & W. B. Whittaker, London.

Shelley, M. 1818. *Frankenstein: Or, The Modern Prometheus.* Oxford University Press, Oxford. Lackington, Hughes, Harding, Mavor & Jones, London.

Shelley, M. 1823. *Frankenstein: Or, The Modern Prometheus.* G. & W. B. Whittaker, London.

Shelley, M. 1823. *Valperga: or the Life and Adventures of Castruccio, Prince of Lucca.* G. & W, B. Whittaker, London.

Shelley, M. 1831. *Frankenstein: Or, The Modern Prometheus.* Puffin Books, London. Henry Colburn & Richard Bentley, London.

Shelley, M. 1835. *Lodore.* Richard Bentley, London.

Shelley, M. 1837. *Falkner.* Saunders and Otley, London.

Shelley, M. 1844. *Rambles in Germany and Italy 1840, 1842 & 1843.* Edward Moxon, London.

Shelley, M. 1857. *The Fortunes of Perkin Warbeck, A Romance.* G. Routledge and Co., London.

Shelley, M. 2004. *The Last Man.* Wordsworth Editions, Hertfordshire.

Shelley, M. 2013. *Mathilda and Other Stories.* Wordsworth Editions, Hertfordshire.

Shelley, P. B. 1810. *Zastrozzi, A Romance.* G. Wilkie and J. Robinson, London.

Shelley, P. B. 1811. *St. Irvyne; Or, The Rosicrucian: A Romance.* J. J. Stockdale, London.

Shelley, P. B. 1840. *Essays, Letters from Abroad, Translations and Fragments.* Edward Moxon, London.

Shelley, P. B. 1994. *The Works of P. B. Shelley.* Wordsworth Editions, Hertfordshire.

Smartt Bell, M. 2005. *Lavoisier in the Year One: The Birth of a New Science in an*

Age of Revolution. W. W. Norton & Company, New York.

Sompayrac, L. 2008. *How the Immune System Works, Third Edition.* Blackwell Publishing, Massachusetts.

Spark, M. 1987. *Mary Shelley: A Biography.* NAL Penguin, New York.

Stocking, M. K. (ed.). 1968. *The Journals of Claire Clairmont.* Harvard University Press, Cambridge, Massachusetts.

Sunstein, E. W. 1991. *Mary Shelley: Romance and Reality.* John Hopkins University Press, Maryland.

Swan, J. 1835. *An Account of a New Method of Making Dried Anatomical Preparations.* E. Cox & Son, London.

Teresi, D. 2012. *The Undead.* Vintage Books, New York.

Thomson, H. 2015. 'First Human Head Transplant Could Happen in Two Years'. *New Scientist* , 25 February.

Thomson, H. 2016. 'Ark of the Immortals: The Future-Proof Plan to Freeze Out Death'. *New Scientist* , 29 June.

Thornton, R. J. 1800. *The Philosophy of Medicine, or Medical Extracts on the Nature of Health and Disease, Including the Laws of the Animal Economy, and the Doctrines of Pneumatic Medicine: Volume 3.* C. Whittingham, London.

Tilney, N. L. 2003. *Transplant: From Myth to Reality.* Yale University Press, New Haven and London.

Tomalin, C. 1992. *The Life and Death of Mary Wollstonecraft.* Penguin Books, London.

Ure, A. 1819. 'An Account of Some Experiments made on the Body of a Criminal immediately after Execution, with Physiological and Practical Observations'. *Quart. J. Science* 6: 283–294.

Uglow, J. 2003. *The Lunar Men: The Friends Who Made the Future.* Faber & Faber, London.

Vickery, A. 1999. *The Gentleman's Daughter.* Yale University Press.

Volney, C. F. 1796. *The Ruins, Or, A Survey of the Revolutions of Empires.* J. Johnson, London.

Walker, A. 1771. *Syllabus of a Course of Lectures on Natural and Experimental Philosophy.* W. Nevett, & Co, Edinburgh.

Wollstonecraft, M. 1891. *A Vindication of the Rights of Woman: With Strictures on Political and Moral Subjects.* T. F. Unwin, London.

Wood, G. D. 2014. *Tambora: The Eruption that Changed the World.* Princeton University Press, Princeton.

Wulf, A. 2016. *The Invention of Nature: The Adventures of Alexander von*

*Humboldt, The Lost Hero of Science.* John Murray, London.

Zimmer, C. 2005. *Soul Made Flesh: How the Secrets of the Brain were Uncovered in Seventeenth-Century England.* Arrow Books, London.

## 相关网站

William Godwin's Diary – http://godwindiary.bodleian.ox.ac.uk/index2.html

Shelley Archive – http://shelleysghost.bodleian.ox.ac.uk

Peter Collinson – www.quakersintheworld.org/quakers-inaction/249

Execution of George Forster – www.exclassics.com/newgate/ng464.htm

Rackstrow's Museum – http://blog.wellcomelibrary.org/2009/10/rackstrows-museum

The History of Golden Syrup – www.lylesgoldensyrup.com/our-story

Portable Pacemaker Inspiration – www.medcitynews.com/2014/10/frankenstein-inspired-medtronic-founderearl-bakken

Tapping the Admiral – www.tappingtheadmiral.co.uk/history

# 致　谢

　　首先感谢吉姆·马丁没有汲取第一次的教训，让我写另一本书。也要感谢安娜·麦克迪亚米德出色的反馈和支持。

　　许多人慷慨地花时间阅读，并对我写下的东西提出了评论和建设性的批评。我要特别感谢我的父母，他们比维克多·弗兰肯斯坦更好地照顾了自己可怕的后代。他们不厌其烦地校对，使写作过程变得更加容易，最后的成书在他们的建议下显然也更好了。非常感谢卡拉·瓦伦丁，她在盗墓者和解剖保存领域提供了重要帮助和建议。也要感谢克莱尔本森、大卫和莎伦·哈库普、海伦·约翰斯顿、马修·梅、阿什利皮尔森、海伦·斯金纳、理查德和维奥莱特·斯图特利，以及马克·怀廷。他们的贡献是无价的。谢谢大家。特别感谢比尔·巴克豪斯无限量提供的茶，还有忍耐了太多关于死青蛙的谈话。

我思，我读，我在
Cogito, Lego, Sum